Ulrike Klöckner
Kurt Kaldewey
Hans J. Schmidt

Prof. Dr. Brian Teaser

10 MINUTEN-MATHE-REP

KURZÜBUNGEN ZUM FITWERDEN UND FITBLEIBEN

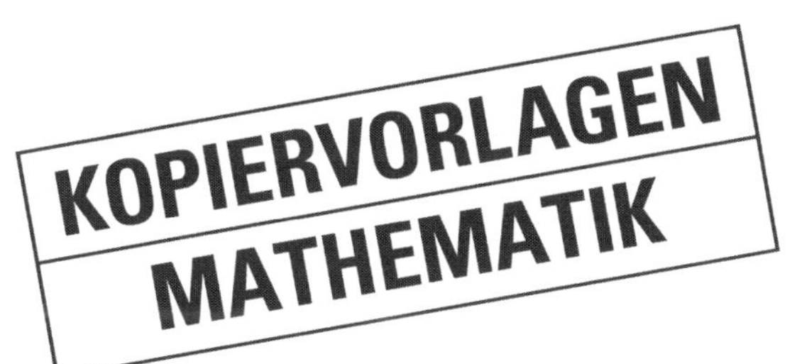

7. Auflage

Bibliografische Information der Deutschen Nationalbibliothek
Die Deutsche Nationalbibliothek verzeichnet diese Publikation in der Deutschen Nationalbibliografie; detaillierte bibliografische Daten sind im Internet über http://dnb.d-nb.de abrufbar.

Impressum

Ulrike Klöckner, Kurt Kaldewey, Hans J. Schmidt
10 Minuten-Minuten-Mathe-Rep
Kurzübungen zum Fitwerden und Fitbleiben

7. Auflage 2020

Druck: Stückle Druck und Verlag, Ettenheim
Printed in Germany

ISBN: 978-3-7614-2646-3

Inhaltsverzeichnis

Vorbemerkungen

Geht es Ihnen als Mathematiklehrerin oder -lehrer nicht oft auch so, dass Sie von den Schülerinnen und Schülern verständnislose Blicke ernten bei Fragen wie »$\frac{1}{2}$ von 72 kg«, »12,5 % von 80 Euro« oder »8,2 : 0,02« ... ?

Immer wieder stellt man fest, dass elementares mathematisches Basiswissen in Vergessenheit geraten ist und neu aufgefrischt werden muss. Als Lehrer hat man oft das Gefühl, bei »Adam und Eva« anfangen zu müssen. Bei diesen endlosen Wiederholungen langweilen sich gute Schüler und schwache Schüler haben vielleicht nur ein kurzfristiges »momentanes« Verständnis, aber wichtige Unterrichtszeit für das Einüben prozessbezogener Kompetenzen geht verloren. Für alle am Lern- und Lehrprozess beteiligten Personen kann diese Situation nicht zufriedenstellend sein.

Die Schüler müssen in der heutigen Zeit eine Fülle von Informationen aufnehmen und verarbeiten. Nach lerntheoretischen Erkenntnissen wird durch ständiges Wiederholen und Üben Wissen optimal gespeichert und kann dann bei Bedarf aus dem Langzeitgedächtnis abgerufen werden.
Der vorliegende Band soll einen Beitrag dazu leisten, dass sich bei den Schülern ein fundamentales mathematisches Wissen entwickelt. Zur Schaffung einer solchen Grundlage soll diese Sammlung von Übungsaufgaben – quer durch die Gebiete der Mathematik – beitragen.

Dabei geht es nicht nur um die Lösung der Aufgaben, die aus unterschiedlichen Jahrgangsstufen stammen können, sondern um die Bewertung dieser Lösungen durch Mitschüler. Schülerfehler werden analysiert, verschiedene Lösungsansätze werden diskutiert bzw. alternative Vorgehensweisen werden vorgestellt. Hier verbinden sich prozessbezogene und inhaltsbezogene Kompetenzen zu fachbezogenen Kompetenzen.
Kumulatives Lernen trägt dazu bei, Defizite bei den Schülern zu verringern. Nach den Kernlehrplänen für Mathematik werden hierbei prozessbezogene Kompetenzen wie Kommunizieren und Argumentieren angewandt und eingeübt.

Tipps für den Einsatz: Ein Beispiel für die Klassenstufe 7/8:

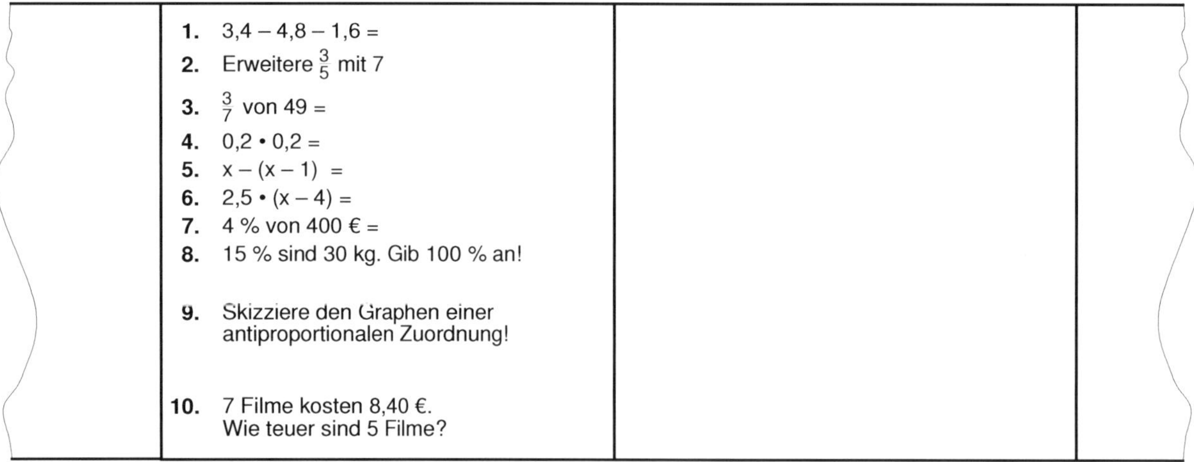

1. $3{,}4 - 4{,}8 - 1{,}6 =$
2. Erweitere $\frac{3}{5}$ mit 7
3. $\frac{3}{7}$ von 49 =
4. $0{,}2 \cdot 0{,}2 =$
5. $x - (x - 1) =$
6. $2{,}5 \cdot (x - 4) =$
7. 4 % von 400 € =
8. 15 % sind 30 kg. Gib 100 % an!
9. Skizziere den Graphen einer antiproportionalen Zuordnung!
10. 7 Filme kosten 8,40 €. Wie teuer sind 5 Filme?

Diese Aufgaben (oder eine beliebige) Auswahl werden bei einer 3-teiligen Tafel auf die mittlere Seite geschrieben oder auf Folie kopiert und dann projiziert. Selbstverständlich können auch alle Blätter kopiert und an die Schülerinnen und Schüler ausgegeben werden, wobei man die Lösungen abschneidet oder nach hinten umklappt.
Nach einem zufälligen Prinzip werden zwei Schüler an die Tafel gebeten. Diese lösen die Aufgaben auf der hinteren rechten und linken Tafelseite. Die anderen Schüler lösen diese Aufgaben in Einzelarbeit in ihrem Heft. Sobald der erste Schüler fertig ist, ruft dieser »STOP«. Wenn der Unterrichtende auch den schwächeren Schülern genügend Zeit lassen möchte, gibt ***er*** das Signal zum Aufhören. Die Schüler an der Tafel beenden ihre Aufgaben, die Schüler in der Klasse geben ihr Heft dem Nachbarn zur Korrektur.

Danach wird die rechte Tafelseite umgeklappt. Der Schüler, der an der rechten hinteren Tafelseite gearbeitet hat, könnte z. B. folgende Lösungen anbieten:

	Aufgabe		Lösung
1.	3,4 – 4,8 – 1,6 =	**1.**	– 3
2.	Erweitere $\frac{3}{5}$ mit 7	**2.**	$\frac{21}{35}$
3.	$\frac{3}{7}$ von 49 =	**3.**	21
4.	0,2 • 0,2 =	**4.**	0,04
5.	x – (x – 1) =	**5.**	1
6.	2,5 • (x – 4) =	**6.**	2,5x – 10
7.	4 % von 400 € =	**7.**	16 €
8.	15 % sind 30 kg. Gib 100 % an!	**8.**	200 kg
9.	Skizziere den Graphen einer antiproportionalen Zuordnung!	**9.**	?
10.	7 Filme kosten 8,40 €. Wie teuer sind 5 Filme?	**10.**	?

Die Schüler der Klasse sind jetzt aufgefordert, diese Lösungen zu korrigieren, indem sie begründen, warum Lösungen richtig oder falsch sind. Fehlen Lösungen wie bei den letzten beiden Aufgaben, so werden auch diese von der Klasse genannt und erläutert.

Die Mitschüler korrigieren zeitgleich die Aufgaben ihres Partners.
Zum Schluss werden jetzt noch schnell die Lösungen auf der linken Tafelseite korrigiert, sodass auch dieser Schüler ein »feedback« bekommt!
Durch diese Vorgehensweise agieren, kommunizieren und argumentieren die Schüler; der Lehrer tritt als Beobachter auf und bekommt wichtige Hinweise für seine Diagnosetätigkeit, aber auch Einblicke in besondere Probleme einzelner Schüler, um dann gezielt Fördermaßnahmen zu initiieren.
Diese Sammlung unterstützt bei Schülern prozessbezogene Kompetenzen wie Argumentieren und Kommunizieren. Defizitäre Leistungen von einzelnen Schülern werden durch Mitschüler aufgearbeitet und die Diagnosefähigkeit von Lehrerinnen und Lehrern wird erweitert.
Damit der Unterichtende eigene Aufgaben zusammenstellen kann, wurde auf Seite 76 ein Leerschema beigefügt.
Auch die Eltern können jederzeit einen Einblick (Hausheft) in die elementaren mathematischen Fertigkeiten ihrer Kinder bekommen.

Wir wünschen Ihnen mit diesem Material viel Freude und vor allem Erfolg in Ihrem pädagogischen Alltag.

Ulrike Klöckner, Kurt Kaldewey und Hans J. Schmidt

Aufgaben ✿ Klassenstufe 5/6	Lösungen
1. 48 + 26 =	**1.** 74
2. 4,5 **:** 3 =	**2.** 1,5
3. 60 • 12 =	**3.** 720
4. 16 + 14 • 2 =	**4.** 44
5. 54 – 26 =	**5.** 28
6. Das Dreifache von 14	**6.** 42
7. Die Hälfte von 96	**7.** 48
8. Schreibe in cm: 4 m.	**8.** 400 cm
9. Welche Zahl ergibt mit sich selbst multipliziert 36?	**9.** 6
10. Wie viele Minuten sind 240 s?	**10.** 4 min

Aufgaben ✿ Klassenstufe 5/6	Lösungen
1. 48 + 66 =	**1.** 114
2. 5,6 **:** 4 =	**2.** 1,4
3. 4 • 1,8 =	**3.** 7,2
4. (16 + 14) • 2 =	**4.** 60
5. 54 – 27 • 2 =	**5.** 0
6. Das Vierfache von 4	**6.** 16
7. Schreibe in g: 3,2 kg.	**7.** 3200 g
8. Das Dreifache einer Zahl ergibt 66.	**8.** 22
9. Darfst du bei der Aufgabe 72 **:** 8 die Zahlen vertauschen?	**9.** Nein
10. Zwei Geraden haben überall den gleichen Abstand. Wie nennt man diese Eigenschaft?	**10.** parallel

Aufgaben ✿	**Klassenstufe 5/6**	**Lösungen**	
1.	7 + 8 – 5 + 4 =	**1.**	14
2.	12 + 28 – 33 =	**2.**	7
3.	8 + 9 – 6 + 7 =	**3.**	18
4.	37 – 26 + 12 =	**4.**	23
5.	15 + 35 – 20 =	**5.**	30
6.	30 – 18 + 22 =	**6.**	34
7.	Schreibe ein Beispiel für eine Summe.	**7.**	z. B.: 12 + 3
8.	3 • 14 =	**8.**	42
9.	Wie heißt dieser Rechenausdruck? 45 : 9	**9.**	Quotient
10.	720 : 80 =	**10.**	9

Aufgaben ✿	**Klassenstufe 5/6**	**Lösungen**	
1.	56 + 27 =	**1.**	83
2.	46 – 13 =	**2.**	33
3.	48 + 32 =	**3.**	80
4.	44 – 28 =	**4.**	16
5.	54 : 6 =	**5.**	9
6.	7 • 8 =	**6.**	56
7.	2 • 3 • 4 =	**7.**	24
8.	24 : 3 : 2 =	**8.**	4
9.	4 • 7 + 16 =	**9.**	44
10.	Verdopple die Differenz aus 28 und 12.	**10.**	32

Aufgaben ✻✻ Klassenstufe 5/6	Lösungen
1. 6 • 8 – 9 • 2 =	**1.** 30
2. 8 • 2 + 32 **:** 8 =	**2.** 20
3. (17 + 23) • 2 =	**3.** 80
4. Darf man bei der Aufgabe 120 **:** 6 die Zahlen vertauschen?	**4.** nein
5. Überschlage: 48 • 52	**5.** ≈ 2500
6. Dividiere eine Zahl durch 18 und du erhältst 3.	**6.** 54
7. Bei welcher Rechenoperation gibt es einen *Divisor*?	**7.** » **:** «
8. Die Summe dreier Zahlen ist 48. Notiere eine Möglichkeit.	**8.** 46 + 1 + 1; 20 + 25 + 3; ...
9. In einem Pappkarton sind 6 Eier. Im Regal stehen noch 10 Kartons in einer Reihe und 4 Reihen übereinander.	**9.** 240 Eier
10. Ein Taschenrechner hat 8 Reihen mit je 6 nebeneinander liegenden Tasten.	**10.** 48 Tasten

Aufgaben ✻✻✻ Klassenstufe 5/6	Lösungen
1. 720 **:** 8 =	**1.** 90
2. 35 • 3 =	**2.** 105
3. 60 • 60 =	**3.** 3600
4. 144 + 256 =	**4.** 400
5. 48 **:** 6 – 8 =	**5.** 0
6. Eine gerade Zahl steht zwischen 12 und 20. Sie ist größer als 15 und kleiner als 18. Welche Zahl ist es?	**6.** 16
7. Ein Bus hat auf jeder Gangseite 2 Sitze in 7 Reihen hintereinander. Auf die Rückbank passen 6 Personen.	**7.** 34
8. Ein Radfahrer möchte in 2 Stunden 40 km zurücklegen. Wie weit ist er in 30 Minuten gekommen?	**8.** 10 km
9. Skizziere ein Rechteck und trage alle Symmetrieachsen ein.	**9.**
10. Schätze die Höhe des Klassenraumes.	**10.** (*ausmessen*)

Aufgaben ✿✿ Klassenstufe 5/6		**Lösungen**	
1.	7 • 8 =	**1.**	56
2.	12 + 28 =	**2.**	40
3.	81 **:** 9 =	**3.**	9
4.	37 – 26 =	**4.**	11
5.	150 + 450 =	**5.**	600
6.	300 – 180 =	**6.**	120
7.	Wie viele Zehner brauchst du für 820?	**7.**	82
8.	Welche Zahl musst du zu 24 addieren, um 46 zu erhalten?	**8.**	22
9.	In welcher Einheit misst du die Entfernung von deiner Wohnung zur Schule (cm - kg - km - mm)?	**9.**	km
10.	Schreibe mit mathematischen Zeichen: 14 ist kleiner als 18.	**10.**	$14 < 18$

Aufgaben ✿✿ Klassenstufe 5/6		**Lösungen**	
1.	22 + 15 =	**1.**	37
2.	169 – 139 =	**2.**	30
3.	480 + 220 =	**3.**	700
4.	4 • 12,25 m =	**4.**	49 m
5.	4800 **:** 2400 =	**5.**	2
6.	Welche Zahl musst du mit sich selbst multiplizieren, um 64 zu erhalten?	**6.**	8
7.	Dividiert man eine Zahl durch 7, so erhält man 6.	**7.**	42
8.	Wie viel dm hat ein m?	**8.**	10 dm
9.	Ein Lkw wiegt 7,5 (g - ℓ - t - min - kg)?	**9.**	t
10.	Schreibe mit mathematischen Zeichen: 126 ist kleiner als 436.	**10.**	$126 < 436$

Aufgaben ✻✻ Klassenstufe 5/6	Lösungen
1. 27 + 38 =	**1.** 65
2. 54 – 36 =	**2.** 18
3. Skizziere einen Zahlenstrahl und trage ein: 5 - 10 - 15 - 20 - ...	**3.** Zahlenstrahl: 0 5 10 15 20
4. Schreibe mit Ziffern: sechshunderteinunddreißig.	**4.** 631
5. Ordne mit dem Kleinerzeichen: 48 - 57 - 39.	**5.** 39 < 48 < 57
6. Der Rhein ist 1326 km lang. Notiere eine leichter zu merkende Längenangabe.	**6.** 1300 km
7. Runde auf Zehner: 458.	**7.** 460
8. Notiere die ersten 4 Stufenzahlen des Zehnersystems.	**8.** 1 - 10 - 100 - 1000
9. Zwischen welchen Zehnern liegt die Zahl 344?	**9.** 340 - 350
10. Wie heißt der Vorgänger von 4000?	**10.** 3999

Aufgaben ✻✻ Klassenstufe 5/6	Lösungen
1. 7 • 9 =	**1.** 63
2. 54 : 6 =	**2.** 9
3. Skizziere einen Zahlenstrahl und trage ein: 3 - 6 - 9 - 12 - ...	**3.** Zahlenstrahl: 0 3 6 9 12
4. Schreibe mit Ziffern: sechstausendfünfundzwanzig.	**4.** 6025
5. Ordne mit dem Größerzeichen: 88 - 79 - 91.	**5.** 91 > 88 > 79
6. Runde auf Hunderter: 4349.	**6.** 4300
7. Runde auf Zehner: 496.	**7.** 500
8. Wie heißt der Vorgänger von 2220?	**8.** 2219
9. Wie heißt der Nachfolger von 298?	**9.** 299
10. Zwischen welchen Hundertern liegt die Zahl 2677?	**10.** 2600 - 2700

Aufgaben ✱✱ Klassenstufe 5/6	**Lösungen**
1. 7 + 8 + 6 =	**1.** 21
2. 32 + 24 =	**2.** 56
3. 36 **:** 12 =	**3.** 3
4. 3 • 22 =	**4.** 66
5. Schreibe mit Ziffern: viertausenddreihundertneun.	**5.** 4309
6. Schreibe mit Ziffern: viertausendneununddreißig.	**6.** 4039
7. In welchem Stellenwertsystem rechnen wir?	**7.** Zehnersystem
8. Welche Stufenzahl folgt auf »Hunderter«?	**8.** Tausender
9. Peter ist 1,56 m groß. Wie viel cm sind das?	**9.** 156 cm
10. Inga wiegt 32,6 kg. Gib das Gewicht in g an.	**10.** 32600 g

Aufgaben ✱✱ Klassenstufe 5/6	**Lösungen**
1. 46 + 28 =	**1.** 74
2. 62 – 36 =	**2.** 26
3. 48 + 22 =	**3.** 70
4. 0 • 0 + 1 • 1 =	**4.** 1
5. 4826 **:** 4826 =	**5.** 1
6. »Plus« oder »Mal« – was rechnet man zuerst? 3 + 7 • 4	**6.** »Mal«
7. Schreibe kürzer: 6 + 6 + 6 + 6 + 6 + 6 + 6.	**7.** 7 • 6
8. Gilt: 30 – 20 = 20 – 30?	**8.** nein
9. Welche Zahl liegt näher an hundert: 86 oder 116?	**9.** 86
10. Notiere das deutsche Wort für »dividieren«.	**10.** »teilen«

Aufgaben ✽✽✽ Klassenstufe 5/6	Lösungen
1. Rechne geschickt: 32 + 15 + 35.	**1.** 82
2. Rechne geschickt: 38 + 36 – 16.	**2.** 58
3. Überschlage das Ergebnis: 39 + 42 + 83.	**3.** ≈ 160
4. Überschlage das Ergebnis: 49 • 3 + 51.	**4.** ≈ 200
5. Bei welcher Rechenoperation gibt es einen Summanden?	**5.** » + «
6. Vermehre die Zahl 48 um 36.	**6.** 84
7. Subtrahiere ich von einer gedachten Zahl 18, so erhalte ich 44.	**7.** 62
8. Bilde die Differenz aus 93 und 45.	**8.** 93 – 45 = 48
9. Wie viele Flächen hat ein Quader?	**9.** 6
10. Welcher Körper hat statt einer Deckfläche eine Spitze?	**10.** Pyramide; Kegel

Aufgaben ✽✽✽ Klassenstufe 5/6	Lösungen
1. Rechne geschickt: 44 + 45 + 55.	**1.** 144
2. Überschlage das Ergebnis: 48 + 61 + 89.	**2.** ≈ 200
3. Bei welcher Rechenoperation gibt es einen Faktor?	**3.** » • «
4. Vermindere die Zahl 148 um 36.	**4.** 112
5. Notiere das Fünffache von 30.	**5.** 150
6. Berechne ein Viertel von 600.	**6.** 150
7. Multipliziere ich eine gedachte Zahl mit 15, so erhalte ich 60.	**7.** 4
8. Bilde die Summe aus 93 und 45.	**8.** 138
9. Aus Draht wird das Kantenmodell eines Würfels gebogen. Wie viel cm Draht braucht man mindestens, wenn eine Kante 6 cm lang sein soll?	**9.** 72 cm
10. Welcher Körper hat nur eine ebene Fläche?	**10.** Kegel

Aufgaben ✽✽ Klassenstufe 5/6		Lösungen	
1.	Rechne geschickt: 88 • 50 • 2.	**1.**	88 • 100 = 8800
2.	Rechne geschickt: 14 • 4 • 25.	**2.**	14 • 100 = 1400
3.	Überschlage das Ergebnis: 39 • 42.	**3.**	≈ 1600
4.	Überschlage das Ergebnis: 498 : 5.	**4.**	≈ 100
5.	Berechne den Quotienten aus 96 und 12.	**5.**	8
6.	Wie groß ist der dritte Teil von 750?	**6.**	250
7.	Skizziere eine Strecke.	**7.**	P ⊢——⊣ Q
8.	Skizziere eine Gerade.	**8.**	g
9.	Skizziere ein Rechteck und trage die Diagonalen ein.	**9.**	
10.	Welcher Körper hat keine ebene Fläche?	**10.**	Kugel

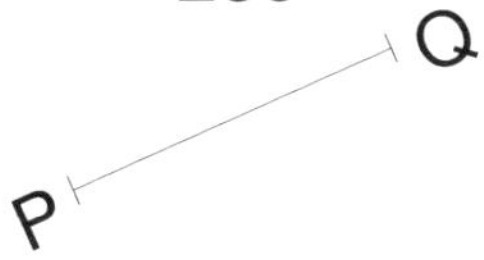

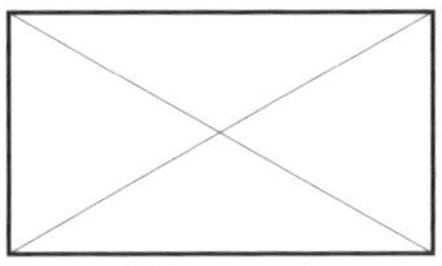

Aufgaben ✽✽ Klassenstufe 5/6		Lösungen	
1.	Rechne geschickt: 38 • 4 • 250.	**1.**	38 • 1000 = 38000
2.	Überschlage das Ergebnis: 58 • 82.	**2.**	≈ 4800
3.	Berechne die Summe aus 96 und 102.	**3.**	198
4.	Wie groß ist das Vierfache von 2500?	**4.**	10000
5.	Runde auf Zehner: 4249.	**5.**	4250
6.	Skizziere ein Achsenkreuz und trage den Punkt (2 | 3) ein.	**6.**	1 2 3 / 1 2 3 ×
7.	Skizziere eine Halbgerade.	**7.**	A
8.	Skizziere ein Quadrat und trage die Mittellinien ein.	**8.**	
9.	Welcher Körper hat zwei ebene Flächen?	**9.**	Zylinder
10.	Ist ein Würfel auch ein Quader?	**10.**	ja

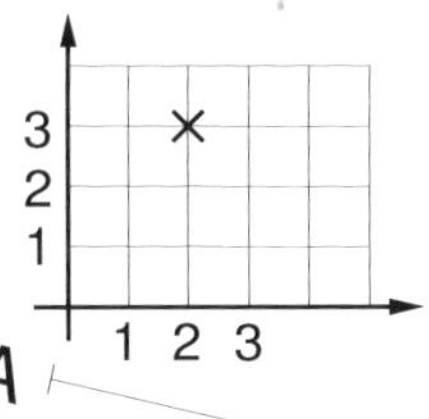

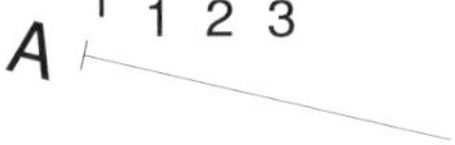

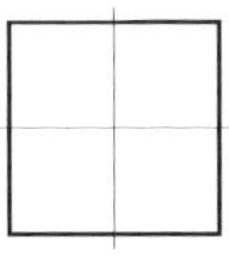

Aufgaben ✱ Klassenstufe 5/6	Lösungen
1. 12 • 6 =	**1.** 72
2. 42 + 29 =	**2.** 71
3. 80 **:** 4 =	**3.** 20
4. 77 – 28 =	**4.** 49
5. 1500 + 4500 =	**5.** 6000
6. 4850 – 99 =	**6.** 4751
7. Das Vierfache von 15	**7.** 60
8. Welche Zahl musst du durch 24 dividieren, um 2 zu erhalten?	**8.** 48
9. In welcher Einheit misst du dein Gewicht (cm - kg - g- t)?	**9.** kg
10. Schreibe mit mathematischen Zeichen: 24 ist größer als 22.	**10.** 24 > 22

Aufgaben ✱✱ Klassenstufe 5/6	Lösungen
1. 220 + 150 =	**1.** 370
2. 169 **:** 13 =	**2.** 13
3. 780 + 220 =	**3.** 1000
4. 1 + 1 + 1 • 6 =	**4.** 8
5. 2400 **:** 24 =	**5.** 100
6. Welche Zahl musst du mit sich selbst multiplizieren, um 121 zu erhalten?	**6.** 11
7. Multipliziert man eine Zahl mit 7, so erhält man 56.	**7.** 8
8. Wie viel kg hat eine t?	**8.** 1000 kg
9. Größer oder kleiner: 1 + 1 und 1 • 1?	**9.** 1 + 1 > 1 • 1
10. Die Summe zweier Zahlen ist gleich ihrem Produkt.	**10.** 0 + 0 = 0 0 • 0 = 0 2 + 2 = 4 2 • 2 = 4

Aufgaben ✿ Klassenstufe 5/6	Lösungen
1. 6 • 8 – 9 =	**1.** 39
2. 8 + 32 **:** 8 =	**2.** 12
3. 7 + 3 • 2 =	**3.** 13
4. (7 + 3) • 2 =	**4.** 20
5. 3 • 3 • 3 + 3 =	**5.** 30
6. Bei welcher Rechenoperation gibt es einen Minuenden?	**6.** » – «
7. Das Produkt zweier Zahlen ist 36. Notiere eine Möglichkeit.	**7.** 6 • 6; 3 • 12; ...
8. Nach dem Einkauf erhält Frau Money 35 € in 4 Scheinen zurück. Notiere eine Möglichkeit.	**8.** 1 • 20 €; 3 • 5 € 3 • 10 €, 1 • 5 €
9. Skizziere einen Drachen.	**9.**
10. Sind in einem Quadrat die Diagonalen senkrecht zueinander?	**10.** ja

Aufgaben ✿✿ Klassenstufe 5/6	Lösungen
1. 7 • (12 + 8) =	**1.** 140
2. 350 **:** 7 =	**2.** 50
3. 6 • 40 =	**3.** 240
4. Verdreifache die Summe aus 8 und 12.	**4.** 60
5. Eine ungerade Zahl steht zwischen 14 und 18 und ist größer als 15. Welche Zahl ist es?	**5.** 17
6. Ein Flugzeug fliegt in 4 Stunden 3200 km weit. Wie weit ist es in einer Stunde gekommen?	**6.** 800 km
7. Ein Radfahrer möchte in 3 Stunden 50 km zurücklegen. Schafft er das, wenn er in 30 Minuten 10 km weit fährt?	**7.** ja
8. Skizziere ein Quadrat und trage alle Spiegelachsen ein.	**8.**
9. Skizziere einen rechten Winkel.	**9.**
10. Schätze die Breite des Klassenraumes.	**10.** (*ausmessen*)

	Aufgaben ✻✻ Klassenstufe 5/6		Lösungen
1.	$2 \cdot 6 + 18 =$	**1.**	30
2.	$24 - 2 \cdot 9 =$	**2.**	6
3.	$36 + 14 : 2 =$	**3.**	43
4.	$1 : 1 + 1 - 1 : 1 =$	**4.**	1
5.	Ein Römer schreibt XL. Wie heißt die Zahl?	**5.**	40
6.	Übersetze in römische Schreibweise: 27.	**6.**	XXVII
7.	Lisa bekommt von der Oma 5 €. $\frac{3}{4}$ davon gibt sie für eine Zeitschrift aus.	**7.**	Rest 1,25 €
8.	Die Zahl 5600 ist gerundet. Gib den Mindestwert bzw. den Höchstwert an.	**8.**	$5550 < 5600 < 5649$
9.	Sind die Mittellinien eines Parallelogramms gleich lang?	**9.**	nein
10.	Skizziere zwei zueinander parallele Geraden.	**10.**	*zur Kontrolle überprüfen*

	Aufgaben ✻✻✻ Klassenstufe 5/6		Lösungen
1.	$12 + 8 \cdot 2 =$	**1.**	28
2.	$(2 + 8) \cdot 3 =$	**2.**	30
3.	$2 + 8 \cdot 3 =$	**3.**	26
4.	Berechne: ein Drittel von 24.	**4.**	8
5.	Schreibe als Aufgabe und löse: das Zehnfache von 28.	**5.**	$10 \cdot 28 = 280$
6.	Welches Rechenzeichen gehört zum Begriff *Division*?	**6.**	» : «
7.	Mit welcher Zahl musst du 8 multiplizieren, um 96 zu erhalten?	**7.**	12
8.	In welcher Einheit gibst du das Gewicht eines Lkws an: Gramm – Tonnen – Kilogramm – Liter?	**8.**	Tonnen
9.	Ein Auto schleicht mit 20 km/h im Stau. Schafft es der Fahrer bei diesem Tempo in 100 Minuten 40 km zu fahren?	**9.**	nein
10.	Was unterscheidet Rechteck und Parallelogramm?	**10.**	Das Rechteck hat vier rechte Winkel.

Aufgaben ✻✻ Klassenstufe 5/6	Lösungen
1. 9 • 6 =	**1.** 54
2. 48 + 36 =	**2.** 84
3. 72 **:** 12 =	**3.** 6
4. 56 – 27 =	**4.** 29
5. 650 – 450 =	**5.** 200
6. 480 + 320 =	**6.** 800
7. Welche Zahl musst du von 56 subtrahieren, um 31 zu erhalten?	**7.** 25
8. Wie viele g hat 1 kg?	**8.** 1000 g
9. Gib in cm an: 2,5 m.	**9.** 250 cm
10. 1 kg Weintrauben kostet 1,79 €. Herr Grapes bezahlt mit 5 €.	**10.** Rückzahlung 3,21 €

Aufgaben ✻ Klassenstufe 5/6	Lösungen
1. 48 + 17 =	**1.** 65
2. 160 • 2 =	**2.** 320
3. 780 – 330 =	**3.** 450
4. 1 + 7 + 1 + 2 + 5 = und dieses Additionsergebnis mal null	**4.** 0
5. 4800 **:** 4800 • 7 =	**5.** 7
6. Welche Zahl musst du mit 15 multiplizieren, um 45 zu erhalten?	**6.** 3
7. Das Doppelte von 42	**7.** 84
8. Ein Drittel von 24	**8.** 8
9. Ein Haus ist 5,5 (g - cm - km - min - m) hoch?	**9.** m
10. Schreibe mit mathematischen Zeichen: 1009 ist größer – kleiner – gleich 999.	**10.** 1009 > 999

Aufgaben ✽ **Klassenstufe 5/6**	**Lösungen**	
1. 68 – 29 =	**1.**	39
2. 12 • 8 =	**2.**	96
3. 72 : 9 =	**3.**	8
4. 37 + 26 =	**4.**	63
5. Schreibe mit Ziffern: vierzigtausenddreihundertsechs.	**5.**	40306
6. Wie viele Nullen hat eine Million?	**6.**	6
7. Wie viele Zehner brauchst du für 420?	**7.**	42
8. Schätze die Breite der aufgeklappten Tafel.	**8.**	4 m bei 2 Flügeln
9. Skizziere ein Quadrat und trage eine Diagonale ein.	**9.**	
10. Ist ein Quadrat ein Rechteck?	**10.**	ja

Aufgaben ✽✽ **Klassenstufe 5/6**	**Lösungen**	
1. 22 • 15 =	**1.**	330
2. 169 : 13 =	**2.**	13
3. 48 – 36 : 2 =	**3.**	30
4. 1 + 1 – 1 • 1 : 1 =	**4.**	1
5. 9 Bäume stehen jeweils im Abstand von 12 Metern. Wie groß ist die Entfernung vom ersten zum letzten Baum?	**5.**	96 m
6. Auf einem Autohof stehen 12 Autos nebeneinander in 7 Reihen. Gib die Gesamtzahl der Wagen an.	**6.**	84
7. Schreibe in cm: 4,5 dm.	**7.**	45 cm
8. Schreibe in mm: 36 cm.	**8.**	360 mm
9. Skizziere einen Kreis und kennzeichne $\frac{3}{4}$.	**9.**	
10. Wahr oder falsch? Jedes Rechteck ist ein Quadrat.	**10.**	falsch

Aufgaben ✱✱ Klassenstufe 5/6	**Lösungen**
1. 46 + 68 + 54 =	**1.** 168 *(Rechenvorteil 46 + 54)*
2. 48 + 22 **:** 2 =	**2.** 59
3. Runde auf Tausender: 14501.	**3.** 15000
4. Gib in m an: 4,08 km.	**4.** 4080 m
5. Notiere alle Teiler von 15.	**5.** {1; 3; 5; 15}
6. Notiere die ersten 4 Vielfachen von 8.	**6.** {8; 16; 24; 32}
7. Ist 4241 durch 2 teilbar?	**7.** nein
8. Ist 43210 durch 5 teilbar?	**8.** ja
9. Skizziere einen Kreis und trage den Durchmesser ein.	**9.**
10. Wie heißt der Punkt, in dem sich die Schenkel eines Winkels schneiden?	**10.** Scheitelpunkt

Aufgaben ✱✱ Klassenstufe 5/6	**Lösungen**
1. 4 • 42 • 25 =	**1.** 4200 *(Rechenvorteil 4 · 25)*
2. Erweitere $\frac{3}{4}$ mit 7.	**2.** $\frac{21}{28}$
3. Multipliziere $\frac{3}{4}$ mit 7.	**3.** $\frac{21}{4} = 5\frac{1}{4}$
4. Runde auf Zehntel: 3,6711.	**4.** 3,7
5. Gib in mm an: 4 dm.	**5.** 400 mm
6. Notiere 4 Teiler von 27.	**6.** {1; 3; 9; 27}
7. Notiere eine vierstellige, durch 3 teilbare Zahl.	**7.** 3333
8. Ist 10101 durch 10 teilbar?	**8.** nein
9. Eine Strecke, die den Kreismittelpunkt mit einem Punkt des Kreises verbindet, heißt ___________ ?	**9.** Radius
10. Skizziere einen stumpfen Winkel.	**10.**

Aufgaben ✽✽ Klassenstufe 5/6	Lösungen
1. $2^4 =$	**1.** 16
2. Welche Zahl ergibt mit sich selbst multipliziert 49?	**2.** 7
3. Bilde die Summe von 39 mit einer weiteren Zahl und du erhältst 62.	**3.** 23
4. $1 \cdot 1 - 1 + 1 : 1 =$	**4.** 1
5. Ein Römer schreibt CXI. Wie heißt die Zahl?	**5.** 111
6. Welche Stufenzahl folgt im Zehnersystem auf 10000?	**6.** 100000
7. Peter braucht 15 Minuten für eine Busfahrt zur Schule. Wie viele Minuten sitzt er pro Woche im Bus?	**7.** 150 min
8. Schätze die Länge der Diagonalen des Mittelteils der Tafel.	**8.** (*ausmessen*)
9. Welches Viereck entsteht, wenn man zwei Geodreiecke mit ihrer längsten Seite gegeneinander legt?	**9.** Quadrat
10. Skizziere zwei zueinander rechtwinklige Geraden.	**10.** (*zur Kontrolle überprüfen*)

Aufgaben ✽ Klassenstufe 5/6	Lösungen
1. Notiere mit Ziffern: 4 Zehntausender; 2 Zehner.	**1.** 40020
2. Notiere die Zahl: zweihunderttausendzwei.	**2.** 200002
3. Schreibe mit römischen Ziffern: 34.	**3.** XXXIV
4. Berechne das Vierfache von 13.	**4.** 52
5. Schreibe mathematisch: die Differenz zweier ungleicher Zahlen.	**5.** $a - b$
6. $3^3 =$	**6.** 27
7. Durch welche Zahl muss 108 geteilt werden, um 9 zu erhalten?	**7.** 12
8. Größer, kleiner oder gleich: 0,5 und $\frac{1}{2}$?	**8.** gleich
9. Eine Fußballhalbzeit dauert 45 Minuten. Wie viel Stunden sind das?	**9.** $\frac{3}{4}$ h
10. Sind die Diagonalen in einem Rechteck gleich lang?	**10.** ja

Aufgaben ✿✿ Klassenstufe 5/6	Lösungen
1. 38 + 12 – 40 + 30 =	**1.** 40
2. 24 + 16 • 2 =	**2.** 56
3. 48 : 4 =	**3.** 12
4. Bilde die Quersumme von 123.	**4.** 6
5. Ist 1115 durch 5 teilbar?	**5.** ja
6. Notiere eine vierstellige Zahl, die durch 2 teilbar ist.	**6.** *Die vierstellige Zahl endet auf 2, 4, 6, 8 oder 0*
7. Wahr oder falsch? 56 ist Vielfaches von 6.	**7.** falsch
8. Skizziere ein rechtwinkliges Dreieck.	**8.** [Skizze: rechtwinkliges Dreieck] 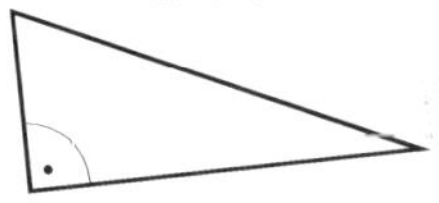
9. Umfang oder Flächeninhalt? Bauer Huber setzt um eine Wiese einen 480 m langen Zaun.	**9.** Umfang
10. Ein Quadrat hat einen Umfang von 24 cm. Wie lang ist jede Seite?	**10.** 6 cm

Aufgaben ✿✿✿ Klassenstufe 5/6	Lösungen
1. Kürze so weit wie möglich: $\frac{24}{32}$.	**1.** $\frac{3}{4}$
2. Erweitere $\frac{3}{8}$ mit 5.	**2.** $\frac{15}{40}$
3. Multipliziere $\frac{3}{8}$ mit 5.	**3.** $\frac{15}{8} = 1\frac{7}{8}$
4. Ein Fünftel von 30	**4.** 6
5. Schreibe als Bruch: 0,25.	**5.** $\frac{1}{4}$
6. Die Hälfte von $\frac{1}{4}$	**6.** $\frac{1}{8}$
7. Gib in Prozent an: $\frac{7}{10}$.	**7.** 70 %
8. Was ist dir lieber: die Hälfte oder 50 % von 10 €?	**8.** gleich
9. Wahr oder falsch? 30 % = 0,3	**9.** wahr
10. 88 + 12 • 3 =	**10.** 124

Aufgaben ✽✽	Klassenstufe 5/6	Lösungen
1.	Kürze $\frac{48}{72}$	$\frac{2}{3}$
2.	$\frac{2}{7} + \frac{5}{7} =$	$\frac{7}{7} = 1$
3.	$6 \cdot \frac{1}{8} =$	$\frac{6}{8} = \frac{3}{4}$
4.	$\frac{1}{2} : 2 =$	$\frac{1}{4}$
5.	Ordne von »klein« nach »groß«: 0,1; 0,03; 0,11.	$0{,}03 < 0{,}1 < 0{,}11$
6.	Vergleiche mit < oder >: $\frac{8}{9}$ *und* $\frac{8}{10}$.	$\frac{8}{9} > \frac{8}{10}$
7.	Schreibe in t mit Komma: 8001 kg.	8,001 t
8.	Schreibe in m: 2,4 km.	2400 m
9.	Wie viele Sekunden hat eine Stunde?	3600 s
10.	Ein rechteckiges Grundstück ist 30 m lang und 20 m breit. Wie groß ist der Umfang?	100 m

Aufgaben ✽✽✽	Klassenstufe 5/6	Lösungen
1.	Schreibe als gemischte Zahl: $\frac{38}{16}$.	$2\frac{6}{16} = 2\frac{3}{8}$
2.	$\frac{2}{5} + \frac{1}{3} =$	$\frac{6}{15} + \frac{5}{15} = \frac{11}{15}$
3.	$1000 \cdot 0{,}1 =$	100
4.	$100 : 0{,}01 =$	10000
5.	Schreibe in km mit Komma: 4025 m.	4,025 km
6.	Schreibe in m: 2,03 km.	2030 m
7.	$38 + 22 \cdot 2 =$	82
8.	Ordne von »klein« nach »groß«: 0,22; 0,2; 0,210.	$0{,}200 < 0{,}210 < 0{,}220$
9.	Ein Rechteck hat einen Flächeninhalt von 42 cm^2 und ist 7 cm lang.	6 cm
10.	Skizziere ein Parallelogramm.	

Aufgaben ✽ Klassenstufe 5/6		Lösungen	
1.	53 + 38 =	**1.**	91
2.	11 • 6 =	**2.**	66
3.	84 : 4 =	**3.**	21
4.	74 – 38 =	**4.**	36
5.	36 • 1000 =	**5.**	36000
6.	4500 : 100 =	**6.**	45
7.	Wie viele Tausender brauchst du für 100000?	**7.**	100
8.	Schätze die Höhe der Eingangstür.	**8.**	*(ausmessen)*
9.	Skizziere ein Rechteck und trage eine Mittellinie ein.	**9.**	
10.	Was unterscheidet ein Quadrat vom Rechteck?	**10.**	**alle** Seiten sind gleichlang

Aufgaben ✽✽ Klassenstufe 5/6		Lösungen	
1.	Notiere mit Ziffern: 3 Tausender, 4 Hunderter und 2 Einer.	**1.**	3402
2.	Notiere die Zahl: Viermillionendreihundert.	**2.**	4000300
3.	Notiere die Zahl: dreihunderttausend-vierhundertvierundvierzig.	**3.**	300444
4.	Schreibe als Term: das Dreifache einer Zahl.	**4.**	3 • x
5.	Schreibe als Text: 4 + 6.	**5.**	Die Summe der Zahlen 4 und 6
6.	Vermindere das Doppelte von 22 um 14.	**6.**	30
7.	Notiere das Achtfache von 8.	**7.**	64
8.	Größer, kleiner oder gleich: 8 • 6 und 6 • 8?	**8.**	8 • 6 = 6 • 8
9.	Skizziere ein Rechteck und markiere $\frac{2}{3}$.	**9.**	
10.	Wie viel Cent sind $\frac{3}{5}$ von 1 €?	**10.**	60 Cent

Aufgaben ✱✱ Klassenstufe 5/6	Lösungen
1. $\frac{4}{5} + \frac{1}{2} =$	**1.** $\frac{8}{10} + \frac{5}{10} = \frac{13}{10} = 1\frac{3}{10}$
2. $4 \cdot \frac{2}{10} : 2 =$	**2.** $2\frac{1}{10}$
3. $3 \cdot \frac{2}{7} =$	**3.** $\frac{4}{10} = \frac{2}{5}$
4. 4,02 • 1000 =	**4.** 4020
5. 4,9 + 6,4 =	**5.** 11,3
6. 550 : 100 =	**6.** 5,5
7. Schreibe als Bruch: 0,08.	**7.** $\frac{8}{100} = \frac{4}{50} = \frac{2}{25}$
8. Schreibe in %: 0,01.	**8.** 1 %
9. Schreibe als Dezimalbruch: $\frac{4}{5}$.	**9.** 0,8
10. Kommt man mit 38 € aus? 4 • 9,30 €	**10.** ja

Aufgaben ✱✱ Klassenstufe 5/6	Lösungen
1. Wodurch wurde gekürzt? $\frac{54}{60} = \frac{9}{10}$	**1.** 6
2. 4,1 • 3 =	**2.** 12,3
3. 2,05 : 5 =	**3.** 0,41
4. 3,2 – 2,4 =	**4.** 0,8
5. 4,5 + 0,9 =	**5.** 5,4
6. Vergleiche mit < oder >: $\frac{3}{4}$ *und* $\frac{3}{8}$.	**6.** $\frac{3}{4} > \frac{3}{8}$
7. Vergleiche mit < oder >: $\frac{5}{7}$ *und* $\frac{3}{7}$.	**7.** $\frac{5}{7} > \frac{3}{7}$
8. Erweitere die Gleichungskette um 2 Brüche: $\frac{3}{4} = \frac{6}{8} = \frac{9}{12} =$	**8.** $\frac{12}{16} = \frac{15}{20}$
9. Rechne um in cm²: 2,5 m².	**9.** 25000 cm²
10. Ein Rechteck hat einen Flächeninhalt von 20 cm² und ist 8 cm lang. Wie breit ist es?	**10.** 2,5 cm

Aufgaben ✽✽✽ Klassenstufe 5/6	Lösungen
1. Schreibe als gemischte Zahl: $\frac{24}{5}$.	**1.** $4\frac{4}{5}$
2. Schreibe als unechten Bruch: $4\frac{2}{3}$.	**2.** $\frac{14}{3}$
3. $9 + \frac{2}{7} =$	**3.** $9\frac{2}{7}$
4. $3\frac{4}{5} - \frac{2}{5} =$	**4.** $3\frac{2}{5}$
5. Wozu muss man $\frac{2}{11}$ addieren, um $\frac{9}{11}$ zu erhalten?	**5.** $\frac{7}{11}$
6. $\frac{8}{9}$ von 36	**6.** 32
7. Schreibe als Bruch: 0,04.	**7.** $\frac{4}{100} = \frac{1}{25}$
8. Schreibe in %: 0,21.	**8.** 21%
9. Schreibe als Dezimalbruch: 3%.	**9.** 0,03
10. Schreibe auf verschiedene Arten: »die Hälfte von ...«.	**10.** $0{,}5 = 50\% = \frac{1}{2}$

Aufgaben ✽✽✽ Klassenstufe 5/6	Lösungen
1. Wodurch wurde gekürzt? $\frac{33}{66} = \frac{1}{2}$	**1.** 33
2. $\frac{5}{6} \cdot 2 =$	**2.** $\frac{10}{6} = 1\frac{4}{6} = 1\frac{2}{3}$
3. $\frac{3}{8} : 4 =$	**3.** $\frac{3}{32}$
4. $3 \cdot 2{,}4 =$	**4.** 7,2
5. $4{,}5 : 9 =$	**5.** 0,5
6. $\frac{5}{6}$ von 72 =	**6.** 60
7. Schreibe als Dezimalbruch: $\frac{3}{5}$.	**7.** 0,6
8. Notiere in Prozent: 0,33.	**8.** 33%
9. Schreibe als Bruch: 1,8.	**9.** $1\frac{8}{10} = 1\frac{4}{5}$
10. Skizziere einen spitzen Winkel.	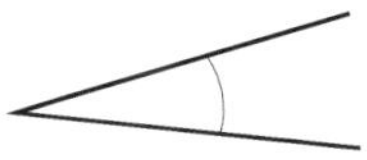 **10.** (Skizze eines spitzen Winkels)

Aufgaben	**Klassenstufe 5/6**	**Lösungen**
1.	$\frac{1}{5}$ von 45	9
2.	$\frac{5}{8}$ von 32	20
3.	$\frac{7}{8} + \frac{9}{8} =$	$\frac{16}{8} = 2$
4.	$\frac{9}{10} - \frac{3}{10} =$	$\frac{6}{10} = \frac{3}{5}$
5.	Schreibe als gemischte Zahl: $\frac{7}{5}$.	$1\frac{2}{5}$
6.	0,3 + 0,6 =	0,9
7.	1,2 – 0,7 =	0,5
8.	Wie viel cm^2 sind 1 m^2?	10000 cm^2
9.	Gib in cm^2 an: 3 dm^2.	300 cm^2
10.	Skizziere eine Figur mit einer Spiegelachse.	*(Beispiel)*

Aufgaben	**Klassenstufe 5/6**	**Lösungen**
1.	28 + 32 • 2 =	92
2.	Schreibe als gemischte Zahl: $\frac{8}{6}$.	$1\frac{2}{6} = 1\frac{1}{3}$
3.	$\frac{9}{15} - \frac{6}{15} =$	$\frac{3}{15} = \frac{1}{5}$
4.	4,2 + 2,8 =	7
5.	3,04 – 1,03 =	2,01
6.	$\frac{4}{7}$ von 28 =	16
7.	Schreibe als Dezimalzahl: $\frac{7}{10}$.	0,7
8.	Schreibe als Bruch: 0,06.	$\frac{6}{100} = \frac{3}{50}$
9.	Vergleiche mit < oder > : $\frac{8}{16}$ und $\frac{11}{16}$.	$\frac{8}{16} < \frac{11}{16}$
10.	Runde auf Zehntel: 3,415.	3,4

Aufgaben ✿✿✿ Klassenstufe 5/6

1. Kürze $\frac{28}{42}$
2. $\frac{1}{3} + \frac{5}{12} =$
3. 1,6 + 2,3 =
4. 4,3 – 2,7 =
5. Runde auf Zehntel: 0,1199.
6. $\frac{8}{9}$ von 72
7. Schreibe als Bruch: 1,07.
8. Die Klasse 6a besteht aus 30 Kindern, davon 14 Jungen. Gib die relative Häufigkeit der Mädchen an.
9. Gib als Bruch und in Prozent an: 4 von 10 Autos.
10. Skizziere einen etwa 45° großen Winkel.

Lösungen

1. $\frac{2}{3}$
2. $\frac{4}{12} + \frac{5}{12} = \frac{9}{12} = \frac{3}{4}$
3. 3,9
4. 1,6
5. 0,1
6. 64
7. $1\frac{7}{100}$
8. $\frac{16}{30} = \frac{8}{15}$
9. $\frac{4}{10} = \frac{2}{5} = 40\%$
10. (Skizze eines 45°-Winkels)

Aufgaben ✿✿ Klassenstufe 5/6

1. Womit wurde gekürzt? $\frac{63}{72} = \frac{7}{8}$
2. $\frac{1}{4} + \frac{7}{12} =$
3. $\frac{5}{6} - \frac{5}{9} =$
4. 1,6 • 3 =
5. 4,9 : 7 =
6. Runde auf Eintel: 4,1199.
7. 15,32 – 6,12 =
8. $\frac{5}{6}$ von 42 =
9. Schreibe als Bruch: 1,4.
10. Die Klasse 9b besteht aus 28 Kindern, davon kommen 21 mit dem Fahrrad. Gib die relative Häufigkeit der Radfahrer an.

Lösungen

1. 9
2. $\frac{3}{12} + \frac{7}{12} = \frac{10}{12} = \frac{5}{6}$
3. $\frac{15}{18} - \frac{10}{18} = \frac{5}{18}$
4. 4,8
5. 0,7
6. 4
7. 9,2
8. 35
9. $1\frac{4}{10} = 1\frac{2}{5}$
10. $\frac{21}{28} = \frac{3}{4}$

Aufgaben ✿✿ Klassenstufe 5/6

1. Schreibe alle geraden Zahlen zwischen 5 und 15 auf.
2. Bestimme alle Teiler von 12.
3. Welche Zahlen sind auf dem Ausschnitt des Zahlenstrahls markiert?

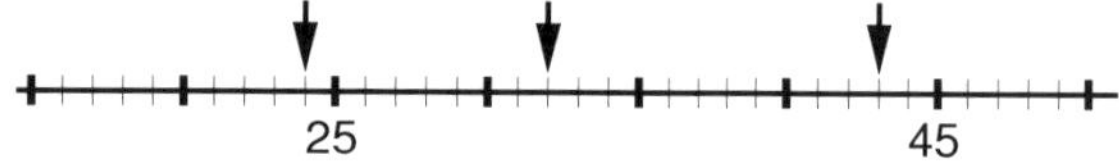

4. $\frac{1}{2}$ h = _____ min?
5. $\frac{1}{4}$ kg = _____ g?
6. Schreibe die Potenz als Produkt und berechne ihren Wert: 2^4.
7. Schreibe die Potenz als Produkt und berechne ihren Wert: 3^3.
8. Schreibe die Potenz als Produkt und berechne ihren Wert: 13^2.
9. Vergleiche und setze >, < oder = ein: 3^2 ____ 2^3.
10. Vergleiche und setze >, < oder = ein: 4^2 ____ 2^4.

Lösungen

1. 6, 8, 10, 12, 14
2. $T_{12} = \{1, 2, 3, 4, 6, 12\}$
3. 24, 32, 43
4. 30 min
5. 250 g
6. $2 \cdot 2 \cdot 2 \cdot 2 = 16$
7. $3 \cdot 3 \cdot 3 = 27$
8. $13 \cdot 13 = 169$
9. $3^2 > 2^3$
10. $4^2 = 2^4$

Aufgaben ✿✿ Klassenstufe 5/6

1. Wie nennt man in einem Viereck die Verbindung zweier nicht benachbarter Eckpunkte?
2. Schreibe als Zehnerpotenz: 1000 = ______ .
3. Schreibe als Zehnerpotenz: 1000000 = _____ .
4. $4 \cdot (12 + 3) - 6 \cdot 2 =$
5. $6 \cdot 5 + \square = 50$
6. Addiere 85 und das Produkt der Zahlen 3 und 15.
7. Schreibe kürzer: g steht senkrecht zu h.
8. Schreibe kürzer: g ist parallel zu h.
9. Skizziere ein Quadratgitter und markiere den Punkt P(2|3).
10. Wie heißt die kleinste Primzahl?

Lösungen

1. Diagonale
2. 10^3
3. 10^6
4. 48
5. 20
6. $85 + 3 \cdot 15 = 130$
7. $g \perp h$
8. $g \parallel h$
9. (Gitter mit Achsen 1 2 3 4 und 1 2 3, Punkt P bei (2|3) markiert)
10. 2

Aufgaben ✽✽ Klassenstufe 5/6

1. Welche der Zahlen ist Vielfaches von 13: 36, 54, 91, 121?
2. »Teiler« oder »nicht Teiler«? 8 ☐ 120
3. Welcher Bruchteil ist eingefärbt? 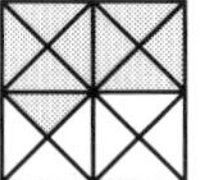
4. 12 min = _____ h?
5. Schreibe als Bruch: 0,03.
6. Schreibe als Dezimalbruch: $9\frac{1}{100}$.
7. Setze <, > oder = ein: $\frac{5}{8}$ kg ☐ 630 g.
8. Setze <, > oder = ein: 3,005 km ☐ $3\frac{1}{200}$ km.
9. Setze <, > oder = ein: $\frac{1}{2}$ km ☐ 400 m.
10. $0{,}9 \cdot 2{,}5 \cdot \frac{2}{5} =$

Lösungen

1. 91
2. 8 teilt 120
3. $\frac{9}{16}$
4. $\frac{1}{5}$ h
5. $\frac{3}{100}$
6. 9,01
7. <
8. =
9. >
10. 0,9

Aufgaben ✽✽ Klassenstufe 5/6

1. 3,57 : 10 =
2. 1,8 : 3 =
3. Wie viele Ecken hat ein Würfel?
4. Ein Körper, der durch 6 rechteckige Flächen begrenzt wird, heißt _______ .
5. Skizziere das Netz eines Würfels.
6. Wie viel fehlt $\frac{5}{12}$ an einem Ganzen?
7. Welchen Anteil an einer vollen Umdrehung überstreicht der kleine Zeiger einer Uhr in 6 Stunden?
8. 7 m^3 = ______ dm^3
9. ☐ – 22 = 48
10. ☐ : 12 = 9

Lösungen

1. 0,357
2. 0,6
3. 8
4. Quader
5.
6. $\frac{7}{12}$
7. $\frac{1}{2}$
8. 7000 dm^3
9. 70
10. 108

Aufgaben ✱✱ Klassenstufe 5/6	Lösungen
1. Schreibe in Ziffern: Zwei Millionen fünf.	**1.** 2000005
2. Rechne vorteilhaft im Kopf: 399 + 286 + 201.	**2.** 886
3. Rechne vorteilhaft im Kopf: 373 – 29 – 73 – 1.	**3.** 270
4. Rechne vorteilhaft im Kopf: 40 • 50 • 2.	**4.** 4000
5. Rechne vorteilhaft im Kopf: 36 • 4 • 2 • 25.	**5.** 7200
6. Finde die Zahl x! 350 vermindert um x ist 84.	**6.** x = 266
7. Finde die Zahl x! Das x-fache von 15 ist 240.	**7.** x = 16
8. Skizziere einen überstumpfen Winkel.	**8.**
9. Welchen Winkel bilden Minuten- und Stundenzeiger um 14.00 Uhr?	**9.** 60°
10. Bestimme die Größe des Winkels α. 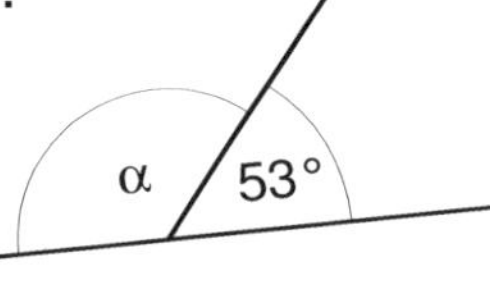	**10.** α = 127°

Aufgaben ✱✱ Klassenstufe 5/6	Lösungen
1. Runde den Durchmesser des Planeten an der Hunderterstelle: Merkur 4840 km.	**1.** 4800 km
2. Runde den Durchmesser des Planeten an der Hunderterstelle: Mars 6770 km.	**2.** 6800 km
3. Runde den Durchmesser des Planeten an der Hunderterstelle: Venus 12228 km.	**3.** 12200 km
4. Berechne: 90 – (27 – 16) =	**4.** 79
5. Was ist das: Hat einen Anfangspunkt, aber keinen Endpunkt?	**5.** Strahl
6. Bestimme die Koordinaten des Punktes A. 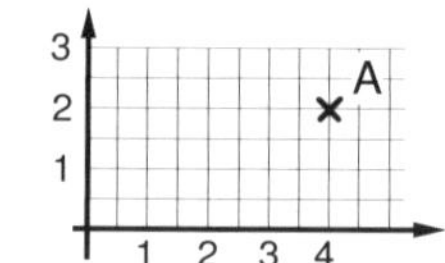	**6.** A(4|2)
7. Schreibe das Produkt als Potenz: 3 • 3 • 3 • 3 • 3.	**7.** 3^5
8. Schreibe die Summe als Produkt: 3 + 3 + 3 + 3.	**8.** 4 • 3
9. 17 m + 12 cm + 8 mm = ___ mm	**9.** 17128 mm
10. $\frac{1}{2}$ Jahr = ______ Monate	**10.** 6 Monate

Aufgaben ✿ Klassenstufe 7/8	Lösungen
1. Schreibe als Dezimalbruch und kürze: 2,45.	**1.** $2{,}45 = 2\frac{45}{100} = 2\frac{9}{20}$
2. Gib 60 % als Bruch an.	**2.** $\frac{60}{100} = \frac{3}{5}$
3. $\frac{3}{8}$ von 24 =	**3.** 9
4. (– 1) – 1 =	**4.** – 2
5. (– 1) – (– 1) =	**5.** 0
6. (– 1) + (– 1) =	**6.** – 2
7. 32 – 12 • 3 =	**7.** – 4
8. Vergleiche mit größer/kleiner: – 22 und –18.	**8.** – 22 < – 18
9. Wie groß sind die Winkel im gleichseitigen Dreieck?	**9.** 60°
10. Ist ein Rechteck ein Quadrat?	**10.** Nein

Aufgaben ✿ Klassenstufe 7/8	Lösungen
1. Florian trinkt mit einem Zug eine Flasche Sprudel leer. Skizziere den Graphen. Hochachse: *Flascheninhalt*, Rechtsachse: *Zeit*	**1.**
2. 4,2 – 2,4 =	**2.** 1,8
3. 2,4 – 4,2 =	**3.** – 1,8
4. Schätze das Ergebnis: 68 • 82.	**4.** ≈ 70 • 80 = 5600
5. 24000 : (– 80) =	**5.** – 300
6. 40 % von 40 € =	**6.** 16 €
7. Gib in % an: 15 kg von 300 kg.	**7.** 5 %
8. Skizziere einen Kreis und trage den Radius ein.	**8.**
9. Wie bezeichnet man die Winkel in einem Dreieck?	**9.** α, β, γ
10. Ein Zimmer ist 4 m lang und 3 m breit. Es wird mit Teppichboden ausgelegt.	**10.** $12\ m^2$

Aufgaben ✿ Klassenstufe 7/8

1. $\frac{3}{4}$ von 72 kg =
2. Wandle um: 0,1 t = ______ kg.
3. Wandle um: 0,01 m = _______ cm.
4. Wandle um: 0,08 m^2 = ________ dm^2.
5. 16^2 =
6. $4 \cdot \frac{1}{3}$ =
7. Schreibe als Dezimalbruch und in Prozent: $\frac{3}{5}$.
8. Was sind Primzahlen? Gib ein Beispiel.
9. Schreibe als Dezimalbruch und in Prozent: $\frac{1}{50}$.
10. 2% von 123 € =

Lösungen

1. 54 kg
2. 100 kg
3. 1 cm
4. 8 dm^2
5. 256
6. $\frac{4}{3} = 1\frac{1}{3}$
7. 0,6 = 60%
8. Primzahlen haben nur zwei Teiler. Beispiel: 5 = 5 • 1
9. 0,02 = 2%
10. 2,46 €

Aufgaben ✿ Klassenstufe 7/8

Anteile von einem Ganzen in %

1.	*Anteil in €*	250	?	40
2.	*Anteil in %*	?	20	50
3.	*Ganzes in €*	1000	500	?

4. 3,45 – 4,65 =
5. 25 • 0,2 =
6. 1,2 + 0,85 =
7. Wie viele Symmetrieachsen hat ein Quadrat? Zeichne.
8. Berechne die Differenz: (– 3) und (– 6).
9. Berechne die Differenz: – 10 und 100.
10. 0,75 ℓ Lack reichen für 12 m^2. Wie weit reicht ein Liter?

Lösungen

1.	250	**100**	40
2.	**25**	20	50
3.	1000	500	**80**

4. – 1,2
5. 5
6. 2,05
7. 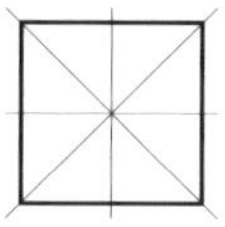
8. Differenz 3
9. Differenz 110
10. 16 m^2

Aufgaben ✱✱ Klassenstufe 7/8	Lösungen
1. 3,4 – 4,8 – 1,6 =	**1.** – 3
2. Erweitere $\frac{3}{5}$ mit 7.	**2.** $\frac{21}{35}$
3. $\frac{3}{7}$ von 49 =	**3.** 21
4. 0,2 • 0,2 =	**4.** 0,04
5. x – (x – 1) =	**5.** 1
6. 2,5 • (x – 4) =	**6.** 2,5x – 10
7. 4 % von 400 € =	**7.** 16 €
8. 15 % sind 30 kg. Gib 100 % an!	**8.** 100 % = 200 kg
9. Skizziere den Graphen einer antiproportionalen Zuordnung.	**9.**
10. 7 Filme kosten 8,40 €. Wie teuer sind 5 Filme?	**10.** 6 €

Aufgaben ✱✱ Klassenstufe 7/8	Lösungen
1. (– 1) • (– 2) : (– 1) =	**1.** – 2
2. (– 1) – 1 – (– 2) =	**2.** 0
3. 3,9 : 0,3 =	**3.** 13
4. Notiere einen Term: das Siebenfache einer unbekannten Zahl vermindert um eine andere Zahl.	**4.** 7a – b
5. x – (1 – x) + 1 =	**5.** 2x
6. (2 – 1,5x) • 3x =	**6.** $6x - 4{,}5x^2$
7. $A_{Dreieck}$ = ________	**7.** $A_{Dreieck} = \frac{g \cdot h}{2}$
8. 80 % von 40 € =	**8.** 32 €
9. Notiere als Bruch und Prozentzahl: 0,21.	**9.** $\frac{21}{100}$ = 21 %
10. Wie groß ist der Winkel β im rechtwinklig-gleichschenkligen Dreieck? (γ = 90°)	**10.** 45°

Aufgaben ✱✱ Klassenstufe 7/8

1. Welches Ergebnis liegt am nächsten?

$476 \cdot 2620 =$

10 000
100 000
1 000 000

2. Bestimme den Mittelwert folgender Körpergrößen: 1,60 m, 1,50 m, 1,59 m und 1,71 m.

3. 4% sind 5 €; 100% = _____ €

50 €
125 €
400 €

4. A fährt eine Strecke in 8 min. B fährt doppelt so schnell. Wie viel Zeit braucht er?

5. $3x - 9 = 0$; $x =$ _____

6. $A_{Trapez} =$ _________

7. $(-6) - 5 =$

8. $(-6) + 5 =$

9. $1000^2 =$

10. 0,2 h = ______ min

Lösungen

1. 1 000 000
2. 1,60 m
3. 125 €
4. 4 min
5. $x = 3$
6. $A_{Trapez} = \frac{a + c}{2} \cdot h$
7. -11
8. -1
9. 1000000
10. 12 min

Aufgaben ✱✱ Klassenstufe 7/8

1. $5053 : 68 =$ 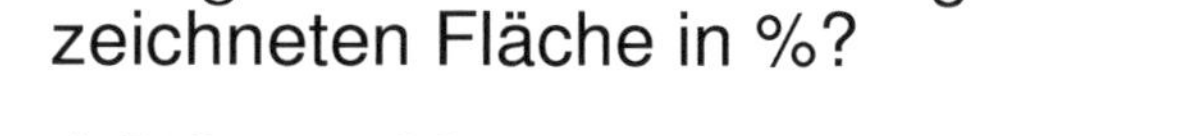 75 | 750 | 1000 ?

Trage die fehlenden Größen der proportionalen Zuordnung ein:

	1 kg	2,10 €
2.	3 kg	
3.	5 kg	

4. Wie groß ist der Anteil der gekennzeichneten Fläche in %?

5. Wie groß ist der Anteil der gekennzeichneten Fläche in %?

6. 4,5% von 80 m =

7. Wie groß ist Winkel β?

8. $-7 + 6 =$

9. $-\frac{3}{8} + (-\frac{1}{6}) =$

10. $-12 \cdot (-1) \cdot 8 =$

Lösungen

1. 75

	1 kg	2,10 €
2.	3 kg	6,30 €
3.	5 kg	10,50 €

4. 75%
5. 62,5%
6. 3,6 m
7. $\beta = 38°$
8. -1
9. $-\frac{9}{24} - \frac{4}{24} = -\frac{13}{24}$
10. 96

Aufgaben ✽ Klassenstufe 7/8	Lösungen
Rechne in die nächstkleinere Maßeinheit um:	
1. 1 m^2	**1.** 100 dm^2
2. 0,02 dm	**2.** 0,2 cm
3. 0,08 m^3	**3.** 80 dm^3
4. 17^2 =	**4.** 289
5. 3000 • 6000 =	**5.** 18 000 000
6. 2000 : 40 =	**6.** 50
7. $\frac{5}{6}$ von 90 ℓ	**7.** 75 ℓ
8. $A_{Dreieck}$ = ________	**8.** $A_{Dreieck} = \frac{g \cdot h}{2}$
9. Rangliste: 4, 6, 9, 12, 19, 21, 22. Gib die Spannweite an.	**9.** Spannweite = 22 – 4 Spannweite = 18
10. Wie berechnet sich die relative Häufigkeit?	**10.** $\frac{\text{absolute Häufigkeit}}{\text{Umfang der Erhebung}}$

Aufgaben ✽ Klassenstufe 7/8	Lösungen
1. Ein Würfel hat eine Kantenlänge von 5 cm. Wie groß ist sein Volumen?	**1.** 125 cm^3
2. Ein Auto braucht ca. 5 ℓ Benzin auf 100 km. Wie viel ℓ Benzin braucht es für 40 km?	**2.** 2 ℓ Benzin
3. 3x = 15; x = _____	**3.** x = 5
4. $\frac{3}{4} + \frac{1}{2}$ =	**4.** $\frac{5}{4} = 1\frac{1}{4}$
5. $\frac{1}{20}$ von 1600 m =	**5.** 80 m
6. $\frac{2}{3} \cdot 6$ =	**6.** $\frac{12}{3} = 4$
7. $\frac{1}{4} \cdot \frac{1}{2}$ =	**7.** $\frac{1}{8}$
8. 1,25 • 8 =	**8.** 10
9. Zeichne ein Beispiel für ein Blockdiagramm.	**9.**
10. Trage die Symmetrieachsen ein. 	**10.** ein Parallelogramm hat keine Symmetrieachsen

Aufgaben ✽ Klassenstufe 7/8

1. $\frac{3}{5}$ = _____ %
2. Schreibe als unechten Bruch: 1,25.
3. Schreibe als Dezimalbruch: 20%.
4. 25% sind 200 €. 100% = _______ €
5. 20% von 100 € =
6. Gib in % an: 30 ℓ von 120 ℓ.
7. Berechne die Differenz: – 2 und 6.
8. $A_{Quadrat}$ = ______
9. Wie viele Fächen, Kanten und Ecken hat ein Würfel?
10. Wahr oder falsch? Jedes Rechteck ist ein Parallelogramm.

Lösungen

1. 60 %
2. $\frac{5}{4}$
3. 0,2
4. 800 €
5. 20 €
6. 25%
7. Differenz 8
8. $A_{Quadrat} = a^2$
9. 6 Flächen
12 Kanten
8 Ecken
10. wahr

Aufgaben ✽ Klassenstufe 7/8

1. Wie heißt der Rechenausdruck? 12 – 4 • 5
2. Wie heißt der Rechenausdruck? 28 **:** [(– 7) + 9]
3. Wie heißt der Rechenausdruck? (– 8) • 7 + 6 • 5
4. $\frac{2}{3}$ von 81 € =
5. – 48 + 28 =
6. 14 – 32 =
7. (– 4) • (– 2 + 30) =
8. Zeichne ein gleichschenkliges Dreieck und beschrifte es.
9. Wie viele Flächen, Kanten und Ecken hat eine quadratische Säule?
10. Notiere die Formel zur Berechnung der Oberfläche eines Würfels.

Lösungen

1. Differenz
2. Quotient
3. Summe
4. 54 €
5. – 20
6. – 18
7. – 112
8. C
a a
A c B
9. 6 Flächen
12 Kanten
8 Ecken
10. $O_{Würfel} = 6a^2$

Aufgaben ✿✿ Klassenstufe 7/8

1. Welches Ergebnis liegt am nächsten?
   23 • 790 | 15 000 | 20 000 | 30 000 |
2. 17000 : 23 | 75 | 750 | 1000 |
3. 6031 : 9000 | 0,7 | 1,7 | 7 |
4. $\frac{2}{3}$ von 870 | 300 | 480 | 580 |
5. A fährt eine Strecke in 8 min. B fährt halb so schnell. Wie viel Zeit braucht er?
6. 2% von 123 ≈ | 1,2 | 2,5 | 5 |
7. 18abc : 0,3 =
8. 67% sind 20 €. 100% sind ungefähr
   | 20 € | 30 € | 60 € | ?
9. Ein Auto fährt 90 km/h. Wie weit fährt es bei gleicher Geschwindigkeit in 20 Minuten?
10. Ein Rechteck ist doppelt so lang wie breit. Es ist 4 cm lang. Berechne den Flächeninhalt.

Lösungen

1. 20 000
2. 750
3. 0,7
4. 580
5. 16 min
6. 2,5
7. 60abc
8. 100% ≈ 30 €
9. 30 km
10. 8 cm^2

Aufgaben ✿✿✿ Klassenstufe 7/8

1. $25 \cdot (-15 + 40) =$
2. $-5 \cdot (-\frac{2}{5} + 0{,}8) =$
3. $-47a - 55a =$
4. $\frac{5}{7}u \cdot \frac{2}{5}v =$
5. Wie viel Prozent sind 30 von 50?
   | 10% | 30% | 60% |
6. $5mn : (-5) =$
7. 87% von 70 ≈ | 6 | 61 | 68 | ?

   Welche Gleichung ist richtig?
   x Anzahl Karten Max, y Anzahl Karten Jenny
8. Jenny hat zwei Karten mehr als Max.
   | x – 2 = y | x = y | x + 2 = y |
9. Jenny und Max haben zusammen 8 Karten.
   | x = y | x + 8 = y | x + y = 8 |
10. Max hat doppelt so viele Karten wie Jenny.
   | x = 2y | 2x = y | 0,5x = y |

Lösungen

1. 625
2. – 2
3. – 102a
4. $\frac{2}{7}uv$
5. 60%
6. – mn
7. 61
8. x + 2 = y
9. x + y = 8
10. x = 2y; 0,5x = y

Aufgaben ✲✲ Klassenstufe 7/8	Lösungen
1. $5\ m^2 =$ ______ cm^2?	**1.** $50000\ cm^2$
2. $(20 \cdot 5) : 4 =$	**2.** 25
3. $3x = 15$	**3.** $x = 5$
4. $x + 6 = 10$	**4.** $x = 4$
5. $\frac{3}{4} : \frac{1}{4} =$	**5.** 3
6. $\frac{3}{4} \cdot \frac{1}{4} =$	**6.** $\frac{3}{16}$
7. $\frac{3}{4} + \frac{1}{4} =$	**7.** 1
8. $\frac{3}{4} - \frac{1}{4} =$	**8.** $\frac{1}{2}$
9. $\frac{3}{4}$ von 72 ℓ =	**9.** 54 ℓ
10. Ein Auto fährt durchschnittlich 80 $\frac{km}{h}$. Wie lange dauert die 200 km lange Fahrt ungefähr?	**10.** 2h 30 min

Aufgaben ✲✲✲ Klassenstufe 7/8	Lösungen
1. Bei einem Rechteck wird die Länge halbiert und die Breite verdoppelt. Wie verändert sich der Flächeninhalt?	**1.** Die Fläche bleibt gleich groß
2. Eine Autofahrt kostet 0,25 $\frac{€}{km}$. Berechne die Kosten für eine 200 km lange Fahrt.	**2.** 50 €
3. $\frac{1}{4}x = 5$	**3.** $x = 20$
4. $(20 \cdot 8) : 5 =$	**4.** 32
5. $0{,}1 - 1 =$	**5.** $-0{,}9$
6. $0{,}2a - 0{,}3a =$	**6.** $-0{,}1a$
7. $\frac{5}{9}$ von 108 € =	**7.** 60 €
8. $(2a + 4b)^2 =$	**8.** $4a^2 + 16ab + 16b^2$
9. $3a \cdot (5b + 4) =$	**9.** $15ab + 12a$
10. Wenn du vom Doppelten einer Zahl 6 subtrahierst, erhältst du die Hälfte der Zahl. Stelle eine Gleichung auf.	**10.** $2x - 6 = x : 2$ $x = 4$

Aufgaben — Klassenstufe 7/8	Lösungen
1. A_{Trapez} = ________	1. $A_{Trapez} = \frac{a+c}{2} \cdot h$
2. Ein Dreieck hat eine Grundseite von 5 cm und ist 5 cm hoch. Berechne den Flächeninhalt.	2. $A = 12{,}5\ cm^2$
3. $u_{Parallelogramm}$ = ________	3. $u_{Parallelogramm} = 2a+2b$
4. $0{,}5 \cdot 0{,}02 =$	4. 0,010
5. $1{,}2 : 6 =$	5. 0,2
6. 12, 14, 3, 7, 9. Bilde den Mittelwert.	6. Mittelwert 9
7. $0{,}55x - 0{,}5x =$	7. 0,05x
8. 25% von 88 ℓ =	8. 22 ℓ
9. $(\frac{1}{2}a - \frac{1}{4}b)^2 =$	9. $\frac{1}{4}a^2 - \frac{1}{4}ab + \frac{1}{16}b^2$
10. Addierst du zu einer Zahl fünfzehn, so erhältst du neun weniger als ihr Vierfaches. Stelle eine Gleichung auf.	10. $x + 15 = 4x - 9$

Aufgaben — Klassenstufe 7/8	Lösungen
1. Klammere aus: 8a + 8b = ________ .	1. 8(a +b)
2. Setze ein: – 3,77 < – 3,☐7.	2. Ziffern:6,5,4,3,2,1,0
3. Mache aus der Differenz ein Produkt: $1 - r^2$.	3. $(1 - r)(1 + r)$
4. $A_{Parallelogramm}$ = ________	4. $A_{Parallelogramm} = g \cdot h$
5. Ein Auto braucht ungefähr 6 ℓ Benzin auf 100 km. Wie viel Liter Benzin braucht es auf 150 km?	5. 9 ℓ Benzin
6. 15% einer Strecke sind 45 m. 100 % = _____	6. 300 m
7. Wie viel Prozent sind 36 kg von 120 kg?	7. 30%
8. Nenne die Zinsformel zur Berechnung von Jahreszinsen.	8. $Z = \frac{K \cdot p}{100}$
9. $800\ dm^2$ = ______ m^2?	9. $8\ m^2$
10. $\frac{2}{3}$ von 51 m =	10. 34 m

Aufgaben ✽✽	**Klassenstufe 7/8**	**Lösungen**	
1.	Wie groß ist das Volumen eines Würfels mit der Kantenlänge 4 cm?	**1.**	$64\ cm^3$
2.	Welches Volumen in dm^3 haben 10 ℓ ?	**2.**	$10\ dm^3$
3.	1 ℓ Farbe reicht für $12\ m^2$. Wie viel Liter braucht man für $8\ m^2$?	**3.**	$\frac{2}{3}$ ℓ Farbe
4.	V_{Quader} = ________	**4.**	$V_{Quader} = a \cdot b \cdot c$
5.	Klammere aus: $x^2y^2 - xy$.	**5.**	$xy(xy - 1)$
6.	$(\triangle - \diamond)^2 =$	**6.**	$\triangle^2 - 2\triangle\diamond + \diamond^2$
7.	$(\bigcirc + \square)^2 =$	**7.**	$\bigcirc^2 + 2\bigcirc\square + \square^2$
8.	$(\diamond + \bigcirc)(\diamond - \bigcirc) =$	**8.**	$\diamond^2 - \bigcirc^2$
9.	30% sind 60 kg. Gib 100% an.	**9.**	200 kg
10.	Wie groß sind die Winkel in einem gleichseitigen Dreieck?	**10.**	60°

Aufgaben ✽✽	**Klassenstufe 7/8**	**Lösungen**	
1.	$(0{,}3a - 0{,}2)(03a + 0{,}2) =$	**1.**	$0{,}09a^2 - 0{,}04$
2.	$\frac{5}{6}$ von 72 dm =	**2.**	60 dm
3.	$18 = x - 10$	**3.**	$x = 28$
	Welche Gleichung ist richtig? *x Anzahl Karten Max, y Anzahl Karten Jenny*		
4.	Jenny hat dreimal so viele Karten wie Max. [$x = 3y$] [$3x = y$] [$x + 3 = y$]	**4.**	$3x = y$
5.	Jenny hat drei Karten mehr als Max. [$3x = y$] [$x = 3y$] [$x + 3 = y$]	**5.**	$x + 3 = y$
6.	Jenny hat drei Karten weniger als Max. [$x - 3 = y$] [$x + y = 3$] [$x = y - 3$]	**6.**	$x - 3 = y$
7.	$0{,}12 \cdot 0{,}6 =$	**7.**	0,072
8.	$0{,}12 : 0{,}6 =$	**8.**	0,2
9.	0,45 km = ______ dm	**9.**	4500 dm
10.	12% von 300 € =	**10.**	36 €

Aufgaben ✿ Klassenstufe 7/8

1. Skizziere den Graphen einer proportionalen Zuordnung.
2. Eine Nachhilfestunde kostet 15 €. Wie teuer sind 12 Stunden?
3. Wie heißen die gekennzeichneten Zahlen?

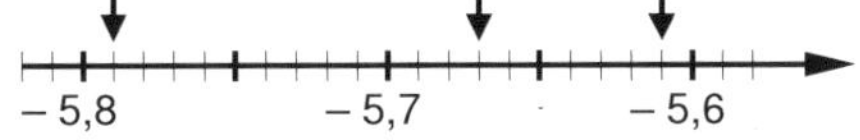

4. 15% von 50 € =
5. 20 % sind 50 €. Gib 100% an.
6. 0,4 : 0,2 =
7. 0,4 • 0,02 =
8. $u_{Rechteck}$ = ________
9. 1,02 kg = ______ g
10. 0,03 t = ______ kg

Lösungen

1. 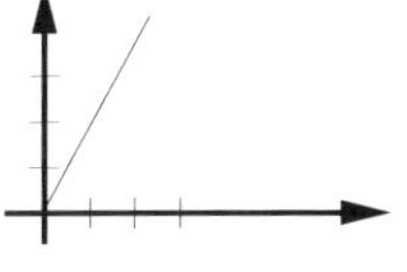
2. 180 €
3. – 5,79; – 5,67; – 5,61
4. 7,50 €
5. 250 €
6. 2
7. 0,008
8. $u_{Rechteck} = 2a + 2b$
9. 1020 g
10. 30 kg

Aufgaben ✿ Klassenstufe 7/8

1. Wie heißen die gekennzeichneten Zahlen?

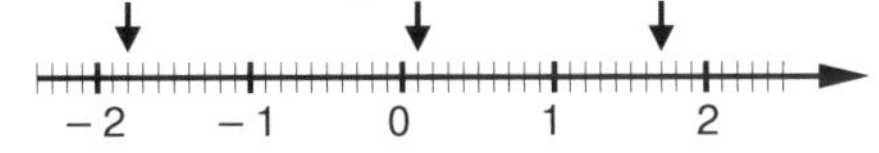

2. Wie nennt man den Graphen einer antiproportionalen Zuordnung?
3. 60 kg = _____ t
4. 2,5 ℓ = _____ dm^3
5. 0,1 h = _____ s
6. 18^2 =
7. $\frac{1}{6}$ von 420 m
8. $4 \cdot \frac{1}{3} =$
9. $4 : \frac{1}{3} =$
10. $4 - \frac{1}{3} =$

Lösungen

1. – 1,8; 0,1; 1,7
2. Hyperbel
3. 0,06 t
4. 2,5 dm^3
5. 360 s
6. 324
7. 70 m
8. $\frac{4}{3} = 1\frac{1}{3}$
9. 12
10. $3\frac{2}{3}$

Aufgaben — Klassenstufe 7/8

1. $-\frac{3}{8} - (-\frac{5}{8}) =$
2. $-84{,}5 - (-42{,}5) =$
3. $\square - (-12) = 25$
4. $(-5{,}5) \cdot \frac{2}{5} =$
5. Wie groß sind die Winkel α und β? (125°, α, β)
6. Gib die Anteile der gefärbten Flächen in Prozent an:
7. Bei einer gleichbleibenden Geschwindigkeit von $20 \frac{km}{h}$ fährt ein Radfahrer in 12 min __ km.
8. $\frac{x}{12} = \frac{7}{20}$
9. 20% von 650 m^2 =
10. Wie groß ist die Wahrscheinlichkeit, mit 2 Würfeln einen Pasch zu erzielen?

Lösungen

1. $\frac{2}{8} = \frac{1}{4}$
2. -42
3. 13
4. $-2{,}2$
5. $\alpha = 55°$, $\beta = 125°$
6. 40%
7. 4 km
8. $x = 4{,}2$
9. 130 m^2
10. $\frac{6}{36} = \frac{1}{6}$

Aufgaben — Klassenstufe 7/8

1. Gib die Anteile der gefärbten Flächen in Prozent an:
2. Wie groß ist die Summe der Innenwinkel in einem Viereck?
3. $-\frac{7}{12} - (-\frac{2}{3}) =$
4. Welche Höhe überwindet ein Bergsteiger, wenn er vom Bodensee (+ 396 m) zum Pfänder (+ 1064 m) hochkraxelt?
5. $(-\frac{1}{2}) \cdot \frac{1}{3} =$
6. $3 \cdot 0 \cdot 6 =$
7. $(-100) : (-10) =$
8. $\square \cdot 6 = -24$
9. $\frac{16 - 44 + 28}{4} =$
10. Wie groß ist der Winkel γ?

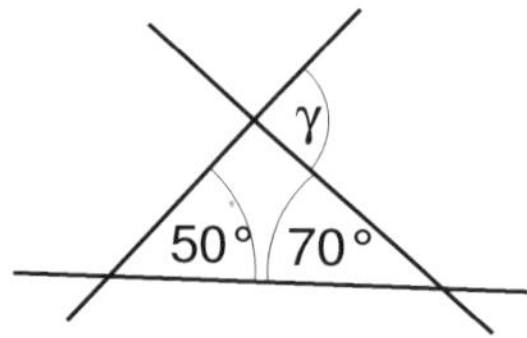

Lösungen

1. $33\frac{1}{3}\%$
2. 60°
3. $-\frac{7}{12} + \frac{8}{12} = \frac{1}{12}$
4. 668 m
5. $-\frac{1}{6}$
6. 0
7. 10
8. -4
9. 0
10. $\gamma = 120°$

Aufgaben – Klassenstufe 7/8		Lösungen
1.	$-4{,}2 - (-2{,}4) =$	$-1{,}8$
2.	$-2{,}4 : 3 =$	$-0{,}8$
3.	$\frac{2}{5}$ von 20 =	8
4.	$2{,}4 - 4{,}8 =$	$-2{,}4$
5.	Vergleiche mit $>$ oder $<$: $-1{,}8$ und $-3{,}2$.	$-1{,}8 > -3{,}2$
6.	Jumpnix springt über einen Zaun. Skizziere die Sprungbahn. Hochachse: *Höhe*; Rechtsachse: *Weite*	
7.	Proportional oder antiproportional? Wenn ein Auto 80 $\frac{km}{h}$ fährt, ist es in 3 h am Ziel. Wie lange dauert es, wenn es 120 $\frac{km}{h}$ fährt?	antiproportional
8.	Skizziere ein stumpfwinkliges Dreieck.	
9.	Ein Quadrat hat einen Umfang von 20 cm. Wie groß ist die Fläche?	$25\ cm^2$
10.	Schreibe in kg: 0,03 t.	30 kg

Aufgaben – Klassenstufe 7/8		Lösungen
1.	40% von 4,00 € =	1,60 €
2.	5 kg einer Ware kosten 6,00 €. Wie teuer sind 3 kg dieser Ware?	3,60 €
3.	Ist 149 • 31 größer oder kleiner als 4500?	größer (4619)
4.	Das Doppelte einer Zahl vermehrt um 4 ergibt 20. Wie heißt die Zahl?	8
5.	$\frac{32}{55} : \frac{36}{77} =$	$\frac{32}{55} \cdot \frac{77}{36} = \frac{8 \cdot 7}{5 \cdot 9} = \frac{56}{45} = 1\frac{11}{45}$
6.	Schreibe als gekürzten Bruch und als gemischte Zahl: 3,4.	$\frac{34}{10} = \frac{17}{5} = 3\frac{2}{5}$
7.	Proportional oder nicht? Eine Taxifahrt kostet 3,50 € Grundgebühr plus 0,50 € pro gefahrenen Kilometer.	nicht proportional (Grundgebühr)
8.	Was gilt für die Winkel im gleichseitigen Dreieck?	$\alpha = \beta = \gamma = 60°$
9.	Notiere einen Formel zur Berechnung der Oberfläche eines Würfels mit der Kantenlänge a.	$O_{Würfel} = 6a^2$
10.	$2 \cdot 40 = 4 \cdot \square$	20

Aufgaben ✽ Klassenstufe 7/8		Lösungen	
1.	$-4 \cdot (-0{,}8) =$	1.	3,2
2.	$-4 - (-0{,}8) =$	2.	$-3{,}2$
3.	Gib den Grundwert an: 8% sind 40 €.	3.	G = 500 €
4.	$\frac{7}{8}$ von 4 =	4.	3,5
5.	$\frac{2}{5} - 0{,}4 =$	5.	0
6.	Wahr oder falsch? $8x - x = 7$	6.	falsch
7.	Wahr oder falsch? $4x - x = 3x$	7.	wahr
8.	Fasse zusammen: $3{,}2x - 4{,}8x$.	8.	$-1{,}6x$
9.	Hochwasser! Der Flusspegel steigt. Skizziere den Graphen. Rechtsachse: *Zeit*; Hochachse: *Wasserstand*	9.	
10.	Welche Vierecke können es sein? Alle Seiten sind gleich lang.	10.	Raute, Quadrat

Aufgaben ✽ Klassenstufe 7/8		Lösungen	
1.	Wie groß ist die Wahrscheinlichkeit, beim Würfeln eine durch 2 teilbare Zahl zu würfeln?	1.	$\frac{3}{6} = \frac{1}{2} = 50\ \%$
2.	Inge würfelt 20-mal und erhält 8-mal eine 4. Gib die relative Häufigkeit für »4« an.	2.	$\frac{8}{20} = \frac{4}{10} = \frac{2}{5} = 40\%$
3.	Notiere einen Term: das Dreifache einer Zahl vermindert um ihren vierten Teil.	3.	$3x - \frac{1}{4}x$
4.	Wahr oder falsch? $6x - 6y = x - y$	4.	falsch
5.	Vereinfache: $6a - 7a + b$.	5.	$-a + b$
6.	Wahr oder falsch? $x = 1 \cdot x = 1x$	6.	wahr
7.	Fasse zusammen: $a + (b - a)$.	7.	b
8.	Gib in % an! 4,5 kg von 15 kg =	8.	30%
9.	3 Pumpen leeren einen Behälter in 8 Stunden. Wie lang brauchen 4 gleichwertige Pumpen?	9.	6 Stunden
10.	9 g kosten 63 Cent. Wie teuer sind 6 g?	10.	42 Cent

Aufgaben ✽✽ Klassenstufe 7/8	Lösungen
1. Gib die Spannweite an: 40 €; 30 €; 20 €; 50 €.	**1.** 30 €
2. Gib den Median an: 20 €; 30 €; 40 €; 40 €; 50 €.	**2.** 40 €
3. $2\frac{1}{2} - \frac{3}{4} =$	**3.** $1\frac{3}{4} = 1{,}75$
4. $-0{,}8 \cdot 4 =$	**4.** $-3{,}2$
5. Jenny geht zur Freundin, bleibt dort eine kurze Zeit, dann rennen sie zur Bushaltstelle. Skizziere den Graphen! Rechtsachse: *Zeit*; Hochachse: *Weg*	**5.**
6. Zeichne ein Quadrat und markiere $\frac{3}{8}$.	**6.**
7. Eine Taxifahrt kostet 3 € Grundgebühr und 0,50 € pro gefahrenen km. Wie weit kann man mit 10 € fahren?	**7.** 14 km
8. Multipliziere $(-3)(x-1)$.	**8.** $-3x + 3$
9. Peter würfelt 10-mal und erhält 3-mal die 2. Gib die *absolute* Häufigkeit an.	**9.** 3
10. Gib die *relative* Häufigkeit an.	**10.** $\frac{3}{10} = 0{,}3 = 30\%$

Aufgaben ✽✽ Klassenstufe 7/8	Lösungen
1. Vereinfache den Term: $8x + 4x : 2$.	**1.** $8x + 2x = 10x$
2. Wahr oder falsch? $3x + 3y = 6x + y$	**2.** falsch
3. Fasse zusammen: $4x - 8x + 3x$.	**3.** $-x$
4. $\frac{5}{7}$ von 63 =	**4.** 45
5. $(-3) \cdot 6 : (-10) =$	**5.** 1,8
6. Inga würfelt 20-mal und erhält 8-mal die 4. Beträgt die Wahrscheinlichkeit für die »4« nun $\frac{8}{20} = 40\%$?	**6.** nein 40% ≙ relative H.
7. 8% von 6 € =	**7.** 0,48 €
8. Was kannst du mit $6a^2$ berechnen?	**8.** Oberfläche Würfel
9. Ein Quadrat hat einen Umfang von 16 cm. Gib die Seiten eines Rechtecks mit gleichem Umfang an.	**9.** z. B. 6 + 2 + 6 + 2 z. B. 7 + 1 + 7 + 1 z. B. 5 + 3 + 5 + 3
10. Laura sprintet 100 m und wird immer langsamer. Wie sieht der Graph aus? Rechtsachse: *Zeit*; Hochachse: *Weg*	**10.**

Aufgaben ✽✽ Klassenstufe 7/8	Lösungen
1. $-4{,}2-(-8{,}4)=$	**1.** 4,2
2. $-3{,}2:(-0{,}8)=$	**2.** 4
3. $-7{,}2-8{,}2=$	**3.** $-15{,}4$
4. $0{,}4\cdot 0{,}4=$	**4.** 0,16
5. 60% von 60 kg =	**5.** 36 kg
6. Wahr oder falsch? $3x-4x=4x-3x$	**6.** falsch
7. Vereinfache: $1{,}5x+1{,}5x:3$.	**7.** 2x
8. $\frac{2}{5}$ der letzten Mathematikarbeit wurden mit der Note 3 benotet. Gib die relative Häufigkeit in % an!	**8.** $\frac{2}{5}=\frac{40}{100}=40\%$
9. Sind Dreiecke mit gleicher Höhe und gleicher Grundseite flächengleich?	**9.** ja
10. Um welches Dreieck handelt es sich? Die beiden Basiswinkel betragen 45°.	**10.** rechtwinklig-gleichschenkliges Dreieck

Aufgaben ✽✽ Klassenstufe 7/8	Lösungen
1. Mit 40 ℓ Benzin kommt ein Auto 700 km weit. Wie weit fährt es mit 18 ℓ?	**1.** 360 km
2. 6 Pumpen leeren ein Becken in 8 Stunden. Wie lange brauchen 3 (4; 9; 12) Pumpen? Skizziere den Graphen. (Rechtsachse: *Anzahl Pumpen*, Hochachse: *Zeit*)	**2.** 3 Pumpen 16 h 4 Pumpen 12 h 8 Pumpen 6 h 12 Pumpen 4 h
3. Wie heißt das deutsche Wort für »Variable«?	**3.** veränderliche Größe
4. Wahr oder falsch? $5x-25=(x-5)\cdot 5$	**4.** wahr
5. Wahr oder falsch? $3\cdot\frac{1}{2}=2:3$	**5.** falsch
6. Fasse zusammen: $3\cdot 2x-2x+x$.	**6.** 5x
7. Ergänze eine Zahl so, dass sich der Mittelwert 4 ergibt: 5, 4, 6, ?.	**7.** 1
8. $2x-(3+2x)=$	**8.** -3
9. Notiere als Text: $3x-4$.	**9.** Das 3fache einer Zahl vermindert um 4
10. Gib in % an: 0,032.	**10.** 3,2%

Aufgaben ✿✿✿ Klassenstufe 7/8	Lösungen
1. Skizziere Scheitelwinkel.	1.
2. Kann ein Dreieck mit den Seitenlängen $a = 4$ cm, $b = 5$ cm und $c = 10$ cm konstruiert werden?	2. nein
3. Alle Innenwinkel eines Vierecks sind 90° groß. Welches Viereck könnte es sein?	3. Quadrat, Rechteck
4. Vereinfache: $(-3)(2x-4)$.	4. $-6x+12$
5. Klammere 3a aus: $9a-15ab$.	5. $3a(3-5b)$
6. Fasse zusammen: $3{,}2p-4{,}8p+0{,}2p$.	6. $-1{,}4p$
7. Ist der Graph einer proportionalen Zuordnung immer eine Gerade durch den Ursprung?	7. ja
8. Ein Auto fährt in 30 Minuten 40 km weit. Wie weit kommt es in $1\frac{1}{2}$ h?	8. 120 km
9. In einem Gefäß liegen 8 rote und 4 blaue Kugeln. Wie groß ist die Wahrscheinlichkeit eine blaue Kugel zu ziehen?	9. $\frac{4}{12} = \frac{1}{3}$
10. 0,02 km = _____ m	10. 20 m

Aufgaben ✿✿ Klassenstufe 7/8	Lösungen
1. Luft entweicht aus einem Ballon. Stelle den Vorgang als Graph dar. (Rechtsachse: *Zeit*; Hochachse: *Dicke des Ballons*)	1.
2. Ein Rechteck ist 15 cm breit und 6 cm lang, ein anderes 45 cm breit. Wie lang ist es bei gleichem Flächeninhalt?	2. 2 cm
3. Wie teuer war der PC? Andy zahlte 540 €, nachdem er 10% Rabatt erhalten hatte.	3. 600 €
4. Schreibe als unechten Bruch und als Dezimalzahl: $3\frac{3}{5}$.	4. $\frac{18}{5} = 3{,}6$
5. $1{,}5 \cdot \frac{1}{2} =$	5. 0,75
6. $2{,}5 - 3\frac{1}{4} =$	6. $-0{,}75$
7. Kürze möglichst weit: $\frac{45}{63}$.	7. $\frac{5}{7}$
8. 0,4 h = _____ min	8. 24 min
9. Gib den Median an: 2; 6; 8; 9; 20.	9. 8
10. Gib den Mittelwert an: 2; 6; 8; 9; 20.	10. 9

Aufgaben ✽✽ **Klassenstufe 7/8**	**Lösungen**
1. Ein Wanderer geht auf einen Berg, macht oben eine Pause und läuft dann zurück. Skizziere den Graphen. Rechtsachse: *Zeit*, Hochachse: *m*	**1.** 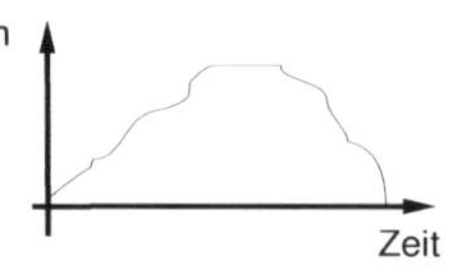
2. $\frac{3}{7}$ von 28 =	**2.** 12
3. 0,8 • 0,3 =	**3.** 0,24
4. 4,2 : 0,7 =	**4.** 6
5. Fasse zusammen: 3x + 6x – 8x.	**5.** x
6. Berechne den Term für x = – 1: 2x + 1.	**6.** – 1
7. Stelle eine Gleichung auf: Das Doppelte einer Zahl vermehrt um 25 ergibt 75.	**7.** 2x + 25 = 75
8. Was weißt du über Nebenwinkel?	**8.** Sie ergänzen sich zu 180°
9. Skizziere ein Paar Stufenwinkel.	**9.** 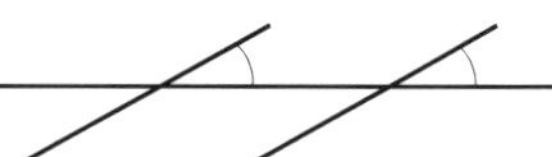
10. Ist jedes Rechteck ein Parallelogramm?	**10.** ja

Aufgaben ✽✽ **Klassenstufe 7/8**	**Lösungen**
1. Rechne geschickt: 6,5 + 1,3 + 3,5.	**1.** 6,5 + 3,5 + 1,3 = 11,3
2. 4,4 – 2,4 • 2 =	**2.** – 0,4
3. $\frac{3}{4}$ – 0,5 =	**3.** $\frac{1}{4}$ = 0,25
4. 6% von 80 € =	**4.** 4,80 €
5. Eine Gerade schneidet im Achsenkreuz die y-Achse bei (0|2). Ist die zugehörige Zuordnung proportional?	**5.** nein
6. Durch 2 Schläuche wird ein Tankschiff in 3 h geleert. Wie lange dauert es bei 5 Schläuchen?	**6.** 1,2 h = 1 h 12 min
7. Fasse zusammen: 3a – 6b + a + 6b.	**7.** 4a
8. Berechne den Term für x = – 2: 16 – x.	**8.** 16 – (– 2) = 18
9. Ein Winkel ist 60° groß. Welche Größe hat der Scheitelwinkel?	**9.** 60°
10. Skizziere ein gleichschenkliges Trapez.	 **10.** (Skizze: Trapez)

Aufgaben ✻✻ Klassenstufe 7/8

1. Skizziere den Graphen einer antiproportionalen Zuordnung.
2. Wie nennt man den Graphen einer proportionalen Zuordnung?
3. K = 5000 €; Z = 100 €; p = ___ ?
4. p = 4%; K = 5000 €; $t = \frac{1}{2}$ a; $Z_{0,5a}$ = ___ ?
5. Z = 100 €; p = 5%; K = ___?
6. $Z_{0,5a}$ = 50 €; p = 10%; K = ___?
7. Bei einem Quader verdoppeln sich Länge und Breite. Wie verändert sich sein Volumen?
8. Im Maßstab 2 : 1 misst eine Strecke 20 cm. Wie lang ist sie wirklich?
9. Berechne $2^2 + 10^2$
10. Berechne $(2 + 10)^2$

Lösungen

1. 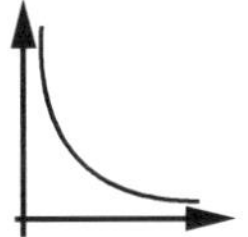
2. Halbgerade durch den Ursprung
3. p = 2%
4. $Z_{0,5a}$ = 100 €
5. K = 2000 €
6. K = 1000 €
7. Das Volumen vervierfacht sich
8. 10 cm
9. 4 + 100 = 104
10. $12^2 = 144$

Aufgaben ✻✻ Klassenstufe 7/8

1. Wie nennt man den Graphen einer antiproportionalen Zuordnung?
2. Skizziere den Graphen einer proportionalen Zuordnung.
3. K = 10000 €; Z = 100 €; p = ___ ?
4. K = 8000 €; p = 2%; t = 3 Monate; $Z_{3Monate}$ = ______?
5. Z = 2 €; p = 10%; K = ___ ?
6. $Z_{0,5a}$ = 6 €; p = 1%; K = ___ ?
7. $10^2 \cdot 10^2 =$
8. $(10 + 10)^2 =$
9. Bei einem Würfel verdoppeln sich die Seitenlängen. Wie verändert sich die Oberfläche?
10. Wie groß ist eine 5 km lange Strecke auf einer Karte im Maßstab 1 : 250000?

Lösungen

1. Hyperbel
2. 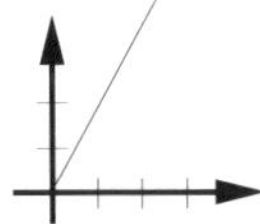
3. p = 1%
4. $Z_{3Monate}$ = 40 €
5. K = 20 €
6. K =1200 €
7. $10^4 = 10000$
8. $20^2 = 400$
9. Die Oberfläche vervierfacht sich
10. 2 cm

Aufgaben ✻✻✻ Klassenstufe 7/8	**Lösungen**
1. $3(x + 5) =$	**1.** $3x + 15$
2. Faktorisiere: $a^2 + 3a$.	**2.** $a(a + 3)$
3. Faktorisiere: $u^2 - v^2$.	**3.** $(u + v)(u - v)$
4. $O_{Würfel} =$ ______	**4.** $O_{Würfel} = 6a^2$
5. $(-1)^2 \cdot 1^3 =$	**5.** $1 \cdot 1 = 1$
6. $(-1)^3 : (-1) =$	**6.** 1
7. $\frac{3}{4}$ von 68 ℓ =	**7.** 51 ℓ
8. $0{,}12 : 0{,}6 =$	**8.** $0{,}2$
9. Die Seitenlänge eines Würfels wird verdoppelt. Wie groß ist das neue Volumen?	**9.** Das Volumen verachtfacht sich
10. Bei einem Zylinder wird der Radius der Grundfläche verdreifacht. Wie viel mal größer ist das neue Volumen?	**10.** Das Volumen verneunfacht sich

Aufgaben ✻✻✻ Klassenstufe 7/8	**Lösungen**
1. $4b(3a + 1) =$	**1.** $12ab + 4b$
2. Faktorisiere: $e^2 + 2ef + f^2$.	**2.** $(e + f)^2$
3. Faktorisiere: $9x^2 - 1$.	**3.** $(3x + 1)(3x - 1)$
4. $V_{Trapezsäule} =$ ________	**4.** $V_{Trapezs.} = \frac{a+c}{2} \cdot h \cdot h_k$
5. $3^2 \cdot 2^2 =$	**5.** $6^2 = 36$
6. $3^2 + 2^2 =$	**6.** $9 + 4 = 13$
7. $1\frac{3}{5} + 2\frac{1}{2} =$	**7.** $1\frac{6}{10} + 2\frac{5}{10} = 4\frac{1}{10}$
8. $0{,}42 \cdot 0{,}2 =$	**8.** $0{,}084$
9. Ein Objekt wird im Maßstab 1 : 10 gebaut. Wie viel mal kleiner ist das Volumen des Modells?	**9.** Das Volumen ist 1000-mal kleiner
10. Bei einem Zylinder wird die Höhe halbiert. Wie viel mal kleiner ist das neue Volumen?	**10.** Das neue Volumen ist halb so groß

Aufgaben ✱✱✱ Klassenstufe 7/8

1. K = 10000 €; Z = 100 €; p = ____
2. p = 1,5%; Z = 3 €; K = _____
3. K = 5000 €; p = 2%; Z = _____
4. $\frac{3}{4}$ von 112 kg =
5. 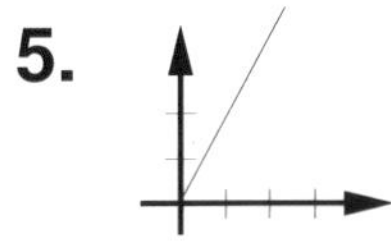 proportional oder antiproportional?
6. 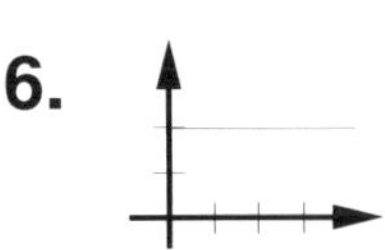 proportional oder antiproportional?
7. A_{Kreis} = _____
8. 5x – 5 = 0
9. 18 = x – 10
10. 10 ℓ = ____ dm^3

Lösungen

1. p = 1%
2. K = 200 €
3. Z = 100 €
4. 84 kg
5. proportional
6. weder noch
7. $A_{Kreis} = \pi r^2$
8. x = 1
9. x = 28
10. 10 dm^3

Aufgaben ✱✱✱ Klassenstufe 7/8

1. Ein Rechteck hat einen Flächeninhalt von 24 cm^2. Seite a = 1 cm, 2 cm, 3 cm. Wie lang ist jeweils die Seite b?
2. Wie sieht der Graph zu obiger Aufgabe aus?
3. Um welche Art von Zuordnung handelt es sich?
4. $(a + b)^2$ =
5. $a^2 \cdot (a + 1)$ =
6. Stelle einen Term für den Umfang der Figur auf.

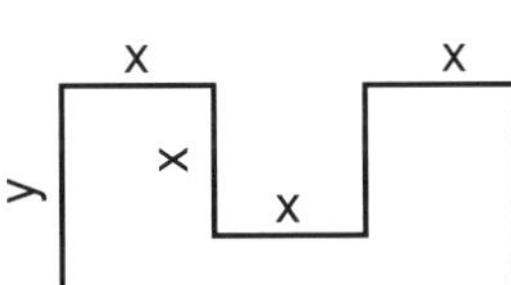

7. $x + \frac{1}{2} = 1{,}25$
8. $V_{Würfel}$ = ____ (Kantenlänge a = 5 cm)
9. 3,34 – 1,56 =
10. Ein Auto braucht 5 ℓ Benzin auf 100 km. Wie weit reichen 40 ℓ ?

Lösungen

1. a = 1 cm; b = 24 cm
   a = 2 cm; b = 12 cm
   a = 3 cm; b = 8 cm
2. Hyperbel
3. antiproportionale Zuordnung
4. $a^2 + 2ab + b^2$
5. $a^3 + a^2$
6. 8x + 2y
7. $x = \frac{3}{4}$
8. $V_{Würfel} = 125\ cm^3$
9. 1,78
10. 800 km

Aufgaben ✱✱ Klassenstufe 7/8

1. Welches Ergebnis liegt am nächsten?
   $\frac{3}{4}$ von 1264 | 300 | 450 | 900 |
2. Wie viel Prozent sind 20 von 50?
   | 20% | 30% | 40% |
3. $\frac{3}{4}\,\ell$ Lack reichen für 12 m². Wie weit reicht 1 ℓ?
4. Wie groß sind die Basiswinkel im gleichschenklig-rechtwinkligen Dreieck?
5. A_{Raute} = ______
6. 0,5 – x = 0,1 x = _____
7. $66\frac{2}{3}$% sind 20 €. 100% = | 20 € | 30 € | 60 € | ?
8. 0,23 • 0,02 =
9. 1,23 – 0,76 =
10. Faktorisiere: $0{,}01a^2 - 0{,}04$.

Lösungen

1. 900
2. 40%
3. 16 m²
4. 45°
5. $A_{Raute} = \frac{e \cdot f}{2}$
6. x = 0,4
7. 30 €
8. 0,0046
9. 0,47
10. $(0{,}1a+0{,}2)(0{,}1a-0{,}2)$

Aufgaben ✱✱✱ Klassenstufe 7/8

1. Ein Auto fährt durchschnittlich 70 $\frac{km}{h}$.
   Wie lange dauert die 245 km lange Fahrt?
2. Welche Gleichung ist richtig?
   x Anzahl Karten Max, y Anzahl Karten Jenny
   Jenny hat eine Karte weniger als Max.
   | x = y – 1 | x + 1 = y | x = y + 1 |
3. $\frac{1}{4}x = 5$ x = _____
4. Wie groß sind die Winkel im gleichseitigen Dreieck?
5. $A_{Dreieck}$ = ______
6. $\frac{2}{3}$ von 870? | 300 | 480 | 580 |
7. 8% von 135? | ≈ 8 | ≈ 11 | ≈ 15 |
8. $(\frac{1}{2}x - \frac{1}{4}y)^2$ =
9. 2x = 0,5 x = _____
10. 150 s = _____ min

Lösungen

1. 3 h 30 min
2. x = y + 1
3. x = 20
4. 60°
5. $A_{Dreieck} = \frac{g \cdot h}{2}$
6. 580
7. ≈ 11
8. $\frac{1}{4}x^2 - \frac{1}{4}xy + \frac{1}{16}y^2$
9. x = 0,25
10. 2 min 30 s

Aufgaben ✻✻ Klassenstufe 7/8

1. $15^2 =$
2. $A_{Parallelogramm} =$ ________
3. $\frac{2}{3}$ von 150 g =
4. $O_{Quader} =$ ________
5. Welches Volumen in dm^3 haben 10 ℓ?
6. A fährt eine Strecke in 24 min. B fährt dreimal so schnell. Wie viel Zeit braucht er?
7. Ein Gefäß mit 5 ℓ Inhalt wird in 20 s gefüllt. Wie lange braucht man, bis ein Gefäß mit 2 ℓ, 15 ℓ, 100 ℓ gefüllt ist?
8. Skizziere zu dieser Aufgabe einen Graphen.
9. Welche Zuordnung liegt vor?
10. $(0{,}2a - 3)^2 =$

Lösungen

1. 225
2. $A_{Parallelogramm} = g \cdot h$
3. 100 g
4. $O = 2(ab+ac+bc)$
5. 10 dm^3
6. 8 min
7. 2 ℓ - 8s, 15 ℓ - 60 s
   100 ℓ - 400 s
8. 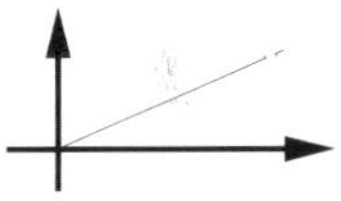
9. proportionale Zuordnung
10. $0{,}04a^2 - 1{,}2a + 9$

Aufgaben ✻✻ Klassenstufe 7/8

1. $\frac{5}{6}$ von 180 t =
2. $4 \cdot \frac{2}{5} =$
3. $\frac{1}{2} \cdot \frac{1}{3} =$
4. $\frac{1}{2} + \frac{1}{3} =$
5. $\frac{1}{2} : \frac{1}{3} =$
6. 20% von 150 € =
7. In einer Disco bezahlt man 10 € Eintritt. Jedes Getränk kostet 4 €. Wie viel kostet der Abend, wenn man 2, 4 oder 5 Getränke konsumiert?
8. Skizziere hierzu einen Graphen.
9. Liegt eine proportionale oder antiproportionale Zuordnung vor?
10. K = 2000 €; Z = 100 €, $t = \frac{1}{2}a$; p = ___ ?

Lösungen

1. 150 t
2. $\frac{8}{5} = 1\frac{3}{5}$
3. $\frac{1}{6}$
4. $\frac{3}{6} + \frac{2}{6} = \frac{5}{6}$
5. $\frac{1}{2} \cdot \frac{3}{1} = \frac{3}{2} = 1\frac{1}{2}$
6. 30 €
7. 2 Getränke - 18 €
   4 Getränke - 26 €
   5 Getränke - 30 €
8. 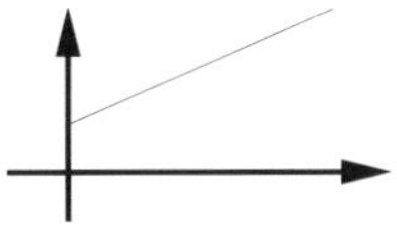
9. weder noch
10. p = 10%

Aufgaben ✽ Klassenstufe 7/8

1. $0{,}5 - 0{,}03 + 0{,}001 =$
2. $\frac{3}{4} + 0{,}25 - \frac{1}{3} =$
3. $x(x + 1) =$
4. Die Seitenlängen eines Würfels werden verdoppelt. Wie verändert sich das Volumen?
5. $(-6) + (-3) =$
6. $(-6) - (-3) =$
7. $(-6) \cdot (-3) =$
8. $(-6) : (-3) =$
9. $u_{Rechteck} =$ ______
10. $\frac{2}{5}$ von 125 ℓ =

Lösungen

1. 0,471
2. $\frac{2}{3}$
3. $x^2 + x$
4. Das Volumen verachtfacht sich
5. -9
6. -3
7. 18
8. 2
9. $u_{Rechteck} = 2a + 2b$
10. 50 ℓ

Aufgaben ✽✽ Klassenstufe 7/8

1. Bei einem Würfel werden die Seitenlängen verdreifacht. Wie viel mal größer ist die neue Kantenlänge?
2. Welche besondere Eigenschaft haben Primzahlen?
3. 40% von 150 € =
4. 10 Hefte kosten 12 €. Wie viel kosten 2, 5 oder 6 Hefte?
5. Welcher Graph liegt vor? (Skizze)
6. Wie nennt man diese Zuordnung?
7. Klammere aus: $-a^2 - 3a$.
8. $2(e + f)^2 =$
9. $V_{Dreieckssäule} =$ ______
10. Klaus würfelt 30-mal und erhält 12-mal eine 5. Gib die relative Häufigkeit für »5« an.

Lösungen

1. 3-mal so groß
2. Primzahlen haben nur zwei Teiler
3. 60 €
4. 2 Hefte - 2,40 €
   5 Hefte - 6 €
   6 Hefte - 7,20 €
5. 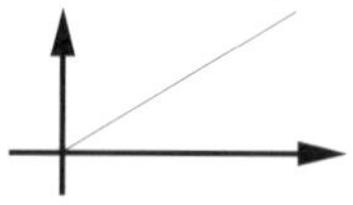
6. proportional
7. $-a(a + 3)$
8. $2e^2 + 4ef + 2f^2$
9. $V_{Dreieckssäule} = \frac{g \cdot h}{2} \cdot h_k$
10. $\frac{12}{30} = \frac{2}{5} = \frac{40}{100} = 40\%$

Aufgaben ✱✱ Klassenstufe 9/10	Lösungen
1. $1 \cdot 1 - 1 + 1 : 1 =$	**1.** 1
2. $(-4{,}8) - 2 =$	**2.** $-6{,}8$
3. $(-4{,}8) \cdot (-2) =$	**3.** 9,6
4. $(\square - 3y)^2 = \triangle - 9xy + \bigcirc$	**4.** $(1{,}5x - 3y)^2 = 2{,}25x^2 - 9xy + 9y^2$
5. 3% von 2 €	**5.** 0,06 €
6. Gib in Prozent an: 50 kg von 200 kg.	**6.** 25%
7. Wie groß ist die Wahrscheinlichkeit, das Herz Ass aus einem Kartenspiel zu ziehen?	**7.** $\frac{1}{32}$
8. Die Länge einer Quadratseite beträgt a cm. Wie berechnet man die Diagonale?	**8.** $a^2 + a^2 = d^2$ also $d = a\sqrt{2}$
9. Gibt es ein rechtwinklig-gleichseitiges Dreieck?	**9.** nein
10. Berichtige die Formel zur Umfangsberechnung eines Kreises $u_{Kreis} = \pi r$	**10.** $u_{Kreis} = 2\pi r = d\pi$

Aufgaben ✱✱ Klassenstufe 9/10	Lösungen
1. $2\frac{3}{4} \cdot 2 =$	**1.** $5\frac{1}{2}$
2. $\frac{3}{5} - 1{,}6 =$	**2.** -1
3. $0{,}4 \cdot 0{,}2 =$	**3.** 0,08
4. Auf ein Fahrrad, das 220 € kostete, erhielt man 11 € Rabatt. Gib den Rabatt in % an.	**4.** 5 %
5. $(5a - 6b)(5a + 6b) =$	**5.** $25a^2 - 36b^2$
6. Klammere so weit wie möglich aus: $3x^2 - 18x$.	**6.** $3x(x - 6)$
7. $\sqrt{45} : \sqrt{5} =$	**7.** $\sqrt{45 : 5} = \sqrt{9} = 3$
8. $\frac{3}{a} = \frac{9}{15}$	**8.** $a = 5$
9. Eine lineare Funktion hat die Nullstelle (3 | 0) und den y-Achsenabschnitt (0 | 6). Skizziere ihren Verlauf. Ist die Steigung positiv oder negativ?	**9.** [Skizze] $m < 0$
10. Ist jede proportionale Funktion linear?	**10.** ja

Aufgaben ✽✽ Klassenstufe 9/10

1. Berechne den Mittelwert von 4; 6, 8 und 10.
2. Wie groß ist die Wahrscheinlichkeit, aus einem Kartenspiel ein Ass zu ziehen?
3. 5000 € werden mit 4% verzinst. Wie viel Zinsen erhält man nach 3 Monaten?
4. Gib in % an: 40 ℓ von 200 ℓ.
5. $(x - 1) \cdot (-3) =$
6. $2a - (1 - a) + 1 =$
7. $(0{,}5p - 2q)^2 =$
8. $0{,}3 \cdot 0{,}3 =$
9. $(-5{,}6) : 0{,}08 =$
10. $2{,}4 - 6{,}6 =$

Lösungen

1. 7
2. $\frac{4}{32} = \frac{1}{8}$
3. 50 €
4. 20 %
5. $-3x + 3$
6. 3a
7. $0{,}25p^2 - 2pq + 4q^2$
8. 0,09
9. – 70
10. – 4,2

Aufgaben ✽✽ Klassenstufe 9/10

1. Skizziere ein rechtwinkliges Dreieck, so dass gilt: $r^2 + s^2 = t^2$.
2. $2{,}4 - 3{,}6 - (-1{,}2) =$
3. $0{,}8 \cdot 2{,}5 =$
4. $\frac{4}{9}$ von 45 =
5. 3% Rabatt waren 7,50 €. Wie teuer war die Ware?
6. $(-1) + 1 \cdot (-1) : 1 =$
7. Notiere die Formel zur Berechnung des Flächeninhalts eines Dreiecks.
8. Ein Würfel hat eine Kantenlänge von 2 cm. Wie groß ist die Oberfläche?
9. $\sqrt{5} \cdot \sqrt{20} =$
10. $(\square - 3g)^2 = 16e^2 - \square + 9g^2$

Lösungen

1. 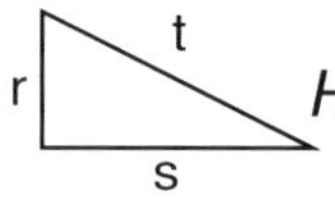

t muss Hypotenuse sein
2. 0
3. 2
4. 20
5. 250 €
6. – 2
7. $A_{Dreieck} = \frac{g \cdot h}{2}$
8. $24\ cm^2$
9. $\sqrt{5 \cdot 20} = \sqrt{100} = 10$
10. $(4e - 3g)^2 = 16e^2 - 24eg + 9g^2$

Aufgaben — Klassenstufe 9/10	Lösungen
1. $\frac{1}{8} \cdot 2 =$	1. $\frac{2}{8} = \frac{1}{4}$
2. $1\frac{1}{2} : \frac{1}{2} =$	2. 3
3. $4{,}8 - 9{,}6 =$	3. $-4{,}8$
4. $2{,}5 : 0{,}05 =$	4. 50
5. $2{,}4 - 1{,}4 \cdot 3 =$	5. $-1{,}8$
6. 30% von 30 € =	6. 9 €
7. Schreibe als Bruch und Dezimalbruch: 80%.	7. $\frac{80}{100} = \frac{4}{5} = 0{,}8$
8. Ergänze: $3 : 4 = x : 20$.	8. $3 : 4 = 15 : 20$
9. Die Katheten eines rechtwinkligen Dreiecks sind 4 cm und 3 cm lang. Wie lang ist die Hypotenuse?	9. 5 cm
10. Die Seite eines Rechtecks misst 4,5 cm, sein Umfang beträgt 20 cm. Wie lang ist die zweite Seite?	10. 5,5 cm

Aufgaben — Klassenstufe 9/10	Lösungen
1. Größer oder kleiner? $2 \cdot \frac{1}{2}$ und $1 + \frac{1}{2}$	1. $2 \cdot \frac{1}{2} < 1 + \frac{1}{2}$
2. $3{,}6 - 7{,}2 - 1{,}4 =$	2. -5
3. $0{,}2 \cdot 0{,}4 =$	3. 0,08
4. $\frac{1}{8}$ von 4	4. 0,5
5. $(2 - x)^2 =$	5. $4 - 4x + x^2$
6. $x - (x - 3) =$	6. 3
7. 25% von 4 kg =	7. 1 kg
8. Gib in % an: 5 € von 200 €	8. 2,5%
9. Löse nach a auf: $18 = \frac{3 \cdot p}{a}$.	9. $a = \frac{3 \cdot p}{18} = \frac{1}{6} p$
10. Ein Parallelogramm hat die Seitenlängen 8 cm und 6 cm. Kann damit der Flächeninhalt oder der Umfang berechnet werden?	10. Umfang

Aufgaben ✿ Klassenstufe 9/10	Lösungen
1. $x - (1 + x) =$	**1.** -1
2. $(2 + x) \cdot (-4) =$	**2.** $-8 - 4x$
3. $(3x + \frac{1}{2}y)^2 =$	**3.** $9x^2 + 3xy + \frac{1}{4}y^2$
4. $\frac{4}{7}$ von 3,5 =	**4.** 2
5. Schreibe als Bruch und in %: 0,04.	**5.** $\frac{4}{100} = \frac{1}{25} = 4\%$
6. 4% von 400 € =	**6.** 16 €
7. $\frac{1}{2} : \frac{1}{2} =$	**7.** 1
8. $0{,}1 \cdot 0{,}1 =$	**8.** 0,01
9. $-8{,}6 - 3{,}4 =$	**9.** -12
10. Wie groß sind die Innenwinkel in einem rechtwinklig-gleichschenkligen Dreieck?	**10.** 90°; 45°; 45°

Aufgaben ✿ Klassenstufe 9/10	Lösungen
1. Wie groß ist die Wahrscheinlichkeit, dass beim Ziehen der Lottozahlen die 13 als erste Zahl gezogen wird?	**1.** $\frac{1}{49}$
2. Für 200 € erhält Inge nach 6 Monaten 5 € Zinsen. Wie hoch ist der Zinssatz?	**2.** 5%
3. $(x - 1) \cdot (x + 2) =$	**3.** $x^2 + x - 2$
4. $2x - (x - 1) =$	**4.** $x + 1$
5. Klammere den gemeinsamen Faktor aus: $6x - 3ax$.	**5.** $3x \cdot (2 - a)$
6. $\frac{2}{5} - \frac{2}{3} =$	**6.** $\frac{6}{15} - \frac{10}{15} = -\frac{4}{15}$
7. Kürze und schreibe als unechten Bruch: $4\frac{9}{15}$.	**7.** $4\frac{3}{5} = \frac{23}{5}$
8. $(-3{,}42) : 0{,}9$	**8.** $-3{,}8$
9. $\sqrt{72} : \sqrt{2} =$	**9.** $\sqrt{72 : 2} = \sqrt{36} = 6$
10. Notiere die Formel zur Berechnung des Umfangs eines Parallelogramms.	**10.** $u_{Parallelogramm} = 2a + 2b$

Aufgaben ✿✿ Klassenstufe 9/10	Lösungen
1. $2 : \frac{1}{4} =$	1. 8
2. 4,08 : 0,3 =	2. 13,6
3. a – b – a – b =	3. – 2b
4. $\frac{2}{3}x \cdot \frac{1}{2} =$	4. $\frac{1}{3}x$
5. Löse nach b auf: $4 = \frac{2b}{3}$.	5. b = 6
6. $\frac{2}{3}$ von 60 =	6. 40
7. 5 von 28 Schülern erhielten bei der letzten Klassenarbeit eine 2. Notiere die relative Häufigkeit.	7. $\frac{5}{28}$
8. 40% von 40 kg =	8. 16 kg
9. Wie groß ist jeder der Innenwinkel eines gleichseitigen Dreiecks?	9. 60°
10. Für welche Flächen gilt die Formel u = 2a + 2b?	10. Parallelogramm, Rechteck

Aufgaben ✿✿ Klassenstufe 9/10	Lösungen
1. (– 1,3) – 2,7 =	1. – 4
2. (– 1,4) • (– 5) =	2. + 7
3. $\frac{x}{5} = \frac{4}{10}$	3. x = 2
4. (3x – 2) • (– 2) =	4. – 6x + 4
5. $(\square + 3y)^2 = \triangle + 24xy + \bigcirc$	5. $(4x + 3y)^2 = 16x^2 + 24xy + 9y^2$
6. $\sqrt{8} \cdot \sqrt{2} =$	6. $\sqrt{8 \cdot 2} = \sqrt{16} = 4$
7. $\sqrt{54} : \sqrt{6} =$	7. $\sqrt{54 : 6} = \sqrt{9} = 3$
8. Notiere mit den Variablen x, y, z den Satz des Pythagoras, wenn y die Hypotenuse ist.	8. $x^2 + z^2 = y^2$
9. Wo schneidet die Gerade mit der Gleichung y = 0,5x + 3 die y-Achse?	9. (0 | 3)
10. Um welche Zuordnung handelt es sich bei y = 0,5x + 3: proportional, antiproportional oder linear?	10. linear

Aufgaben ✿ Klassenstufe 9/10

1. Erweitere $\frac{2}{5}$ mit 3.
2. Multipliziere $\frac{2}{5}$ mit 3.
3. Schreibe als Bruch und Dezimalbruch: 6 %.
4. $0{,}01 : 0{,}01 =$
5. $-1 \cdot 1 + 1 : 1 =$
6. $2{,}4 - 1{,}2 \cdot 2 =$
7. $(1 + x) - (x + 1) =$
8. $(1 + x) \cdot (x + 1) =$
9. Klammere 2x aus: $4x^2 + 6x$.
10. Notiere die Gleichung einer antiproportionalen Zuordnung.

Lösungen

1. $\frac{6}{15}$
2. $\frac{6}{5} = 1\frac{1}{5}$
3. $\frac{6}{100} = \frac{3}{50} = 0{,}06$
4. 1
5. 0
6. 0
7. $1 + x - x - 1 = 0$
8. $x+1+x^2+x=x^2+2x+1$
9. $2x(2x + 3)$
10. z. B.: $y = \frac{10}{x}$

Aufgaben ✿✿ Klassenstufe 9/10

1. $\frac{2}{7} - \frac{2}{3} =$
2. $4{,}2 : \frac{1}{2} =$
3. $-4{,}2 : 0{,}07 =$
4. $(\frac{2}{3}x + \frac{1}{4})^2 =$
5. 5,5% von 200 € =
6. Klammere den gemeinsamen Faktor aus: $8x - 4$.
7. $x - (x - 1) =$
8. $\sqrt{12{,}5} \cdot \sqrt{2} =$
9. Ein Flugzeug setzt zur Landung an. Skizziere den Graphen. (Hochachse: *Höhe*; Rechtsachse: *Zeit*)
10. Notiere die Formel zur Berechnung des Flächeninhalts eines Parallelogramms.

Lösungen

1. $\frac{6}{21} - \frac{14}{21} = -\frac{8}{21}$
2. 8,4
3. $-420 : 7 = -60$
4. $\frac{4}{9}x^2 + \frac{1}{3}x + \frac{1}{16}$
5. 11 €
6. $4(2x - 1)$
7. 1
8. $\sqrt{12{,}5 \cdot 2} = \sqrt{25} = 5$
9. 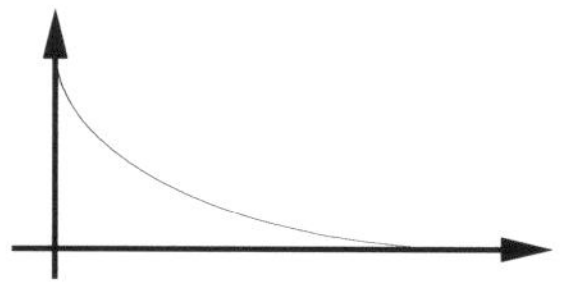
10. $A_{Parallelogramm} = g \cdot h$

Aufgaben — Klassenstufe 9/10

1. $\frac{4}{5} : \frac{2}{25} =$
2. $0{,}48 : 1{,}2 =$
3. $(-3)^4 =$
4. $\sqrt{-1} =$
5. 4% von 25 € =
6. Gib in % an: 7 kg von 28 kg.
7. Skizziere den Graphen der Funktion $y = -2x + 3$.
8. Schreibe als Term: Der dritte Teil einer Zahl vermindert um das Doppelte einer anderen Zahl.
9. 3 verhält sich zu 7 wie 9 zu x. x = _____ ?
10. Die Seite eines Quadrats wurde verdoppelt. Wie verändert sich die Fläche?

Lösungen

1. $\frac{4}{5} \cdot \frac{25}{2} = \frac{2}{1} \cdot \frac{5}{1} = 10$
2. $4{,}8 : 12 = 0{,}4$
3. 81
4. $\mathbb{L} = \{\ \}$
5. 1 €
6. 25%
7. 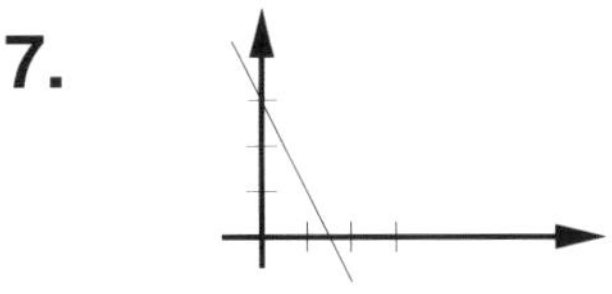
8. $\frac{1}{3}x - 2y = \frac{x}{3} - 2y$
9. $x = 21$
10. Die Fläche ist 4mal so groß

Aufgaben — Klassenstufe 9/10

1. $3{,}4 - 7{,}8 =$
2. $2\frac{1}{5} - 0{,}2 =$
3. $4x + 6x \cdot 2 =$
4. $4 - (x + 4) =$
5. $(x - 1) \cdot (-2) =$
6. $(\frac{2}{3}x - 3y)^2 =$
7. $\frac{a}{4} = \frac{5}{10}$
8. Schreibe als Term: Berta ist 3 Monate älter als Frieda.
9. Skizziere den Graphen der Funktion $y = 0{,}5x - 2$.
10. Die Seiten eines Quadrats wurden verdoppelt. Wie verändert sich der Umfang?

Lösungen

1. $-4{,}4$
2. 2
3. $16x$
4. $-x$
5. $-2x + 2$
6. $\frac{4}{9}x^2 - 4x + 9y^2$
7. $a = 2$
8. $b - 3 = f$ oder $b = f + 3$
9.
10. Der Umfang ist doppelt so groß

Aufgaben ✻ Klassenstufe 9/10	Lösungen
1. $3{,}4 + \frac{3}{5} =$	**1.** 4
2. Kürze vollständig: $\frac{48}{64}$.	**2.** $\frac{3}{4}$
3. $2{,}4 \cdot 3 =$	**3.** 7,2
4. $4{,}08 : 0{,}3$	**4.** 13,6
5. $4{,}4x - 2{,}2x + 6{,}8x =$	**5.** $9x$
6. $2{,}6a - 3{,}8a =$	**6.** $-1{,}2a$
7. Klammere 6 aus: $18x - 6$.	**7.** $6(3x - 1)$
8. Runde auf Hundertstel: 2,295.	**8.** 2,30
9. Notiere mit den Variablen x, y, z den Satz des Pythagoras: x ist die Hypotenuse.	**9.** $y^2 + z^2 = x^2$
10. Ein Quadrat hat den Umfang 24 cm. Gib den Flächeninhalt an.	**10.** $36\ cm^2$

Aufgaben ✻✻ Klassenstufe 9/10	Lösungen
1. Schreibe als Dezimalbruch: $3\frac{3}{5}$	**1.** 3,6
2. $\frac{2}{5} - \frac{3}{4} =$	**2.** $\frac{8}{20} - \frac{15}{20} = -\frac{7}{20}$
3. $\frac{3}{8} : \frac{27}{32} =$	**3.** $\frac{3}{8} \cdot \frac{32}{27} = \frac{1 \cdot 4}{1 \cdot 9} = \frac{4}{9}$
4. Klammere – 2 aus: $8 - 2a$.	**4.** $(-2)(-4 + a)$
5. $(\square x - \triangle y)^2 = 0{,}25x^2 - 3xy + \bigcirc$	**5.** $(0{,}5x - 3y)^2 = 0{,}25x^2 - 3xy + 9y^2$
6. $\frac{3}{7} = \frac{x}{21}$	**6.** $x = 9$
7. Löse nach x auf: $a = \frac{1}{4}x - b$.	**7.** $x = 4(a + b)$
8. Berechne den Flächeninhalt eines Kreises mit d = 8 cm. Rechne mit $\pi = 3$.	**8.** $A_{Kreis} = \pi \cdot r^2$ $A_{Kreis} = 3 \cdot 4^2 = 48\ cm^2$
9. Notiere die Formel zur Umfangsberechnung eines Parallelogramms.	**9.** $u_{Parallelogramm} = 2a + 2b$
10. Schreibe in kg: 2,03 t.	**10.** 2030 kg

Aufgaben ✽✽ Klassenstufe 9/10	Lösungen
1. Erweitere $\frac{3}{5}$ mit 6.	**1.** $\frac{18}{30}$
2. Multipliziere $\frac{3}{5}$ mit 6.	**2.** $\frac{18}{5} = 3\frac{3}{5}$
3. $4{,}8 - 6{,}4 =$	**3.** $-1{,}6$
4. $2{,}3x \cdot 4 =$	**4.** $9{,}2x$
5. $\frac{3}{8}$ von $24 =$	**5.** 9
6. 40% von 20 € =	**6.** 8 €
7. $(\frac{1}{2}x - 0{,}2y)^2 =$	**7.** $\frac{1}{4}x^2 - 0{,}2x + 0{,}04y^2$
8. Der Flächeninhalt eines Kreises beträgt 4π cm². Wie groß ist ein Viertelkreis?	**8.** π cm²
9. Skizziere ein Dreieck so, dass gilt $p^2 + q^2 = r^2$.	**9.** p r q
10. $\sqrt{3} \cdot \sqrt{12} =$	**10.** $\sqrt{3 \cdot 12} = \sqrt{36} = 6$

Aufgaben ✽✽ Klassenstufe 9/10	Lösungen
1. Bestimme den Mittelwert von 1, 2, 3, 4, 5, 6.	**1.** 3,5
2. Gib als Dezimalbruch und in % an: $\frac{2}{5}$.	**2.** 0,4 = 40%
3. Gib in Prozent an: 0,004.	**3.** 0,4%
4. Was berechnet man mit der Formel $\pi r^2 \cdot h$?	**4.** Volumen eines Zylinders
5. Löse nach h auf: $V = \frac{1}{3}G \cdot h$.	**5.** $h = \frac{3V}{G}$
6. $\frac{x}{6} = \frac{7}{12}$	**6.** $x = 3{,}5$
7. $(\frac{1}{2}x + \frac{1}{2}x)^2 =$	**7.** x^2
8. $x(x - 1) =$	**8.** $x^2 - x$
9. $x - (x - 1) =$	**9.** 1
10. Für welche Zahlen gilt: $x^3 = x$?	**10.** $\{-1; 0; 1\}$

Aufgaben ✤✤ Klassenstufe 9/10

1. Wie groß ist die Wahrscheinlichkeit, dass beim Lotto die 1. gezogene Zahl 13 ist?
2. Schreibe als unechten Bruch, kürze und notiere die Dezimalzahl: $2\frac{8}{100}$.
3. Klammere x aus: $3x^2 - 4x$.
4. Vereinfache: $(x - 1) \cdot (x + 2)$.
5. $\frac{3}{4}$ von $\frac{1}{2}$ =
6. $3\frac{1}{4} + 0{,}6 =$
7. $-4 + 6 - 8 - 6 =$
8. $(-1{,}2) \cdot (-1{,}2) =$
9. $(a^4)^2 \cdot a^6 =$
10. Gib die Volumenformel für einen Zylinder an.

Lösungen

1. $\frac{1}{49}$
2. $\frac{208}{100} = \frac{52}{25} = 2{,}08$
3. $x(3x - 4)$
4. $x^2 + x - 2$
5. $\frac{3}{8}$
6. 3,85
7. -12
8. 1,44
9. a^{14}
10. $V_{Zylinder} = r^2 \cdot \pi \cdot h_{Zylinder}$

Aufgaben ✤✤ Klassenstufe 9/10

1. Skizziere ein Dreieck, so dass gilt: $\tan \alpha = \frac{x}{y}$.
2. $(a^4)^2 : a^6 =$
3. $\sqrt{3} \cdot \sqrt{27} =$
4. Gib in Prozent an: $\frac{75}{1000}$.
5. 6% von 240 € =
6. $4{,}8 : (-0{,}3) =$
7. $1{,}02 \cdot 6 =$
8. $4021 : 100 =$
9. Ein Würfel hat eine Oberfläche von 54 cm^2. Wie lang ist eine Kante?
10. Mit welcher Formel berechnest du das Volumen einer Pyramide mit quadratischer Grundfläche?

Lösungen

1. y, α, x
2. a^2
3. $\sqrt{3 \cdot 27} = \sqrt{81} = 9$
4. $\frac{7{,}5}{100} = 7{,}5\%$
5. 14,40 €
6. -16
7. 6,12
8. 40,21
9. 3 cm
10. $V_{Pyramide} = \frac{1}{3} G \cdot h_{Pyramide}$
$V_{Pyramide} = \frac{1}{3} a^2 \cdot h_{Pyramide}$

Aufgaben ✽✽ Klassenstufe 9/10	Lösungen
1. $\frac{1}{100}$ von 3,4	1. 0,034
2. Überschlage: 4,9 • 99.	2. $\approx$ 500 (485,1)
3. $4 \cdot \frac{2}{7}$	3. $\frac{8}{7} = 1\frac{1}{7}$
4. $(2x + 0{,}5)^2 =$	4. $4x^2 + 2x + 0{,}25$
5. $(\bigcirc + x)^2 = \square - 4x + \triangle$	5. $(-2 + x)^2 = 4 - 4x + x^2$
6. Berechne den Quotienten aus 4,2x und 3x.	6. 1,4
7. Gib in Prozent an: 50 kg von 125 kg.	7. 40%
8. Ein Seil wurde in 15 Stücke zu je 4,2 cm zerschnitten. Wie lang war das Seil?	8. 63 cm
9. Ziehe partiell die Wurzel: $\sqrt{4x^3}$.	9. $\sqrt{4x^2x} = 2x\sqrt{x}$
10. $(-3)^4 =$	10. 81

Aufgaben ✽✽ Klassenstufe 9/10	Lösungen
1. Löse die Klammern auf: $x - (4 + y)$.	1. $x - 4 - y$
2. Vereinfache: $(-3)(x - 2)$.	2. $-3x + 6$
3. Klammere (-2) aus: $6x - 8$.	3. $(-2)(-3x + 4)$
4. $(x^3 - 2y)^2 =$	4. $x^6 - 4x^3y + 4y^2$
5. $(a^2 - b^3)^2 =$	5. $a^4 - 2a^2b^3 + b^6$
6. $(x^3 - x^4)^2 =$	6. $x^6 - 2x^7 + x^8$
7. Wie groß ist die Wahrscheinlichkeit, mit einem Würfel eine 1 oder eine 2 zu würfeln?	7. $\frac{2}{6} = \frac{1}{3}$
8. Nach dem Satz des Pythagoras gelte $5^2 = 4^2 + x^2$. Berechne x.	8. $x = 3$
9. In einer Klasse sind 24 Kinder. Das Verhältnis Jungen zu Mädchen ist 3 : 5. Wie viele Jungen sind in der Klasse?	9. 9 Jungen
10. Berechne das Volumen einer 8 cm hohen quadratischen Säule, die eine 4 cm² große Grundfläche hat.	10. 32 cm³

Aufgaben ✿✿✿ Klassenstufe 9/10

1. $0{,}1 \cdot 0{,}1 =$
2. $4{,}8 : 0{,}6 =$
3. $7{,}5 + 2{,}5 \cdot (-4) =$
4. 40% von 40 € =
5. Wahr oder falsch? $\frac{3}{4} = 3{,}4$
6. $4^{10} : 4^{8} =$
7. $3a^3 + a^3 =$
9. Klammere x^2 aus: $4x^5 - x^2$.
8. Skizziere ein Dreieck, in dem gilt: $\sin \alpha = \frac{x}{y}$.
10. Das Wachstum einer Bakterienkultur verläuft annähernd exponentiell. Skizziere den Graphen.

Lösungen

1. 0,01
2. 8
3. $-2{,}5$
4. 16 €
5. falsch
6. $4^{10-8} = 4^2 = 16$
7. $4a^3$
9. $x^2(4x^3 - 1)$
8. *x ist Gegenkathete zu α; y ist Hypotenuse*

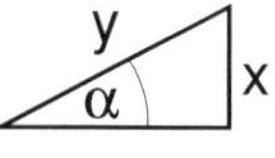

10.

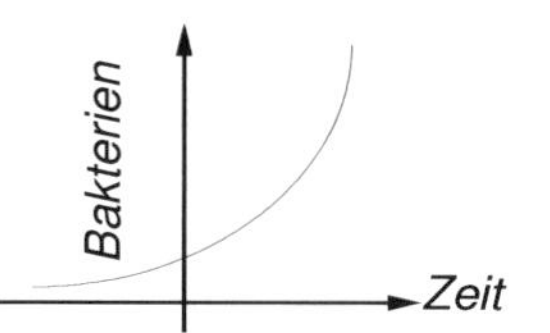

Aufgaben ✿✿✿ Klassenstufe 9/10

1. Schreibe als Dezimalbruch und in Prozent: $\frac{5}{8}$.
2. Schreibe als Dezimalbruch und gemischte Zahl: $4\frac{3}{5}$.
3. $0{,}4 : 0{,}1 =$
4. Gib in % an: 30 kg von 2000 kg.
5. Vereinfache: $3x(x^2 - 6) + 18x$.
6. Skizziere den Funktionsgraphen $y = x^2 - 2$.
7. $(x^2 - 4x)x^3 =$
8. Wahr oder falsch? $4x^3 - 3x^4 = 1x^{-1}$
9. Welche Fläche erhält man, wenn man den Mantel eines Zylinders abrollt?
10. Notiere die Formel zur Volumenberechnung eines Kegels.

Lösungen

1. $\frac{5}{8} = \frac{625}{1000} = 0{,}625$
   $0{,}625 = 62{,}5\%$
2. $\frac{23}{5} = 4{,}6$
3. 4
4. 1,5%
5. $3x^3$
6.
7. $x^5 - 4x^4$
8. falsch
9. Rechteck
10. $V_{Kegel} = \frac{1}{3}\pi r^2 h$

Aufgaben ✿✿ Klassenstufe 9/10	Lösungen
1. Schreibe als Bruch und kürze: 4,04.	**1.** $4\frac{4}{100} = 4\frac{1}{25}$
2. $2\frac{1}{2} \cdot 3 =$	**2.** $7\frac{1}{2}$
3. 4,8 : 0,8 =	**3.** 6
4. – 1 – (– 4) =	**4.** 3
5. Man erhält 4% Rabatt, das sind 10 €. Wie hoch war der ursprüngliche Preis?	**5.** 250 €
6. Nach 40-mal Würfeln betrug die relative Häufigkeit für die Zahl 3 15%. Wie oft fiel die 3?	**6.** 6-mal
7. Wahr oder falsch? $x^3 = 2x + x$	**7.** falsch
8. $2^{12} : 2^{10} =$	**8.** 4
9. $\pi^0 =$	**9.** 1
10. Die Seiten eines Rechtecks sind 4 cm und 9 cm lang. Gib die Seitenlänge eines flächengleichen Quadrates an.	**10.** 6 cm

Aufgaben ✿✿ Klassenstufe 9/10	Lösungen
1. 4,2 – 6,8 =	**1.** – 2,6
2. 2,3 • 3 =	**2.** 6,9
3. $\frac{2}{5} - \frac{4}{7} =$	**3.** $\frac{14}{35} - \frac{20}{35} = -\frac{6}{35}$
4. Schreibe als Bruch und in %: 0,3.	**4.** $\frac{3}{10} = 30\%$
5. Schreibe als Dezimalbruch und als Bruch: 0,7%.	**5.** $0{,}007 = \frac{7}{1000}$
6. $2^6 \cdot 5^6 =$	**6.** $(2 \cdot 5)^6 = 10^6$ $10^6 = 1000000$
7. Wahr oder falsch? $3x^3 = x^3 \cdot x^3 \cdot x^3$	**7.** falsch
8. $(x^2 - x^3)^2 =$	**8.** $x^4 - 2x^5 + x^6$
9. Auf welche Dreiecke bezieht sich der *Satz des Thales*?	**9.** rechtwinklige Dreiecke
10. Die Oberfläche eines Würfels beträgt 24 cm². Gib sein Volumen an.	**10.** 8 cm³

Aufgaben ✽✽✽ Klassenstufe 9/10

1. $4{,}1 \cdot 4 =$
2. $3\frac{3}{4} + 2\frac{1}{5} =$
3. $-4{,}2 - 6{,}8 =$
4. Gib in % an: 4 kg von 160 kg.
5. Wahr oder falsch? $x^3 - x^2 = x$
6. Klammere x^3 aus: $3x^5 + x^3$.
7. $3^7 : 3^5 =$
8. $a^0 : a^{-1} =$
9. Skizziere den Graphen: $-x^2 + 1$.
10. Wie viel cm Draht benötigt man mindestens, um daraus ein 7 cm langes und 5 cm breites Rechteck zu biegen?

Lösungen

1. 16,4
2. $3\frac{15}{20} + 2\frac{4}{20} = 5\frac{19}{20}$
3. -11
4. 2,5%
5. falsch
6. $x^3(3x^2 + 1)$
7. $3^{7-5} = 3^2 = 9$
8. a
9. 
10. 24 cm

Aufgaben ✽✽✽ Klassenstufe 9/10

1. $0{,}4 \cdot 0{,}2 =$
2. $4{,}8 : 0{,}02 =$
3. $-6{,}5 : \frac{1}{2} =$
4. $(\frac{1}{2}ab^2 - \frac{1}{2}a^2b)^2 =$
5. Klammere den gemeinsamen Faktor aus: $4x^2y - 6xy^2$.
6. Wahr oder falsch? $x^3 - x^2 = x^2(x - 1)$
7. Wie groß ist die Wahrscheinlichkeit, aus einem Skatspiel ein Ass zu ziehen?
8. Die Wahrscheinlichkeit, aus 1000 Losen einen Gewinn zu ziehen, beträgt 6%. Wie viele Gewinnlose sind es?
9. $V_{Zylinder} =$ _______ ?
10. Wie heißt eine Gerade, die einen Kreis in genau einem Punkt berührt und senkrecht zum Radius ist?

Lösungen

1. 0,08
2. 240
3. -13
4. $\frac{1}{4}a^2b^4 - \frac{1}{2}a^3b^3 + \frac{1}{4}a^4b^2$
5. $2xy(2x - 3y)$
6. wahr
7. $\frac{4}{32} = \frac{1}{8}$
8. 60 Gewinnlose
9. $V_{Zylinder} = \pi r^2 h$
10. Tangente

Aufgaben ✿✿ Klassenstufe 9/10	Lösungen
1. $4{,}8 - 1{,}8 \cdot 2 =$	**1.** 1,2
2. $1\frac{1}{5} - 2{,}8 =$	**2.** $-1{,}6$
3. 2,5% Jahreszinsen sind 50 €. Wie hoch ist das Kapital?	**3.** 2000 €
4. Vereinfache: $3x - (8 - 2x)$.	**4.** $5x - 8$
5. Klammere a aus: $3a^2 - a$.	**5.** $a(3a - 1)$
6. Ist das Ergebnis positiv oder negativ: $-4{,}8 - (-6)$?	**6.** positiv (1,2)
7. Löse die Klammer auf: $(-3)(x - 4)$.	**7.** $-3x + 12$
8. Wahr oder falsch? $\frac{g \cdot h}{2} = (g \cdot h) : 2 = \frac{g}{2} \cdot h$	**8.** Wahr
9. Eine Raute hat die Seitenlänge a. $u_{Raute} =$ ______ ?	**9.** $u_{Raute} = 4a$
10. Bei einem Quadrat verdoppelt man jede Seite. Wie verändert sich der Flächeninhalt?	**10.** Der Flächeninhalt vervierfacht sich

Aufgaben ✿✿ Klassenstufe 9/10	Lösungen
1. $\frac{4}{21} : \frac{16}{35} =$	**1.** $\frac{4}{21} \cdot \frac{35}{16} = \frac{1 \cdot 5}{3 \cdot 4} = \frac{5}{12}$
2. Schreibe als unechten Bruch und als Dezimalbruch: $4\frac{3}{5}$.	**2.** $\frac{23}{5} = 4{,}6$
3. $\frac{2}{3} - \frac{3}{5} =$	**3.** $\frac{10}{15} - \frac{9}{15} = \frac{1}{15}$
4. Schreibe als Dezimalzahl und in %: $\frac{2}{5}$.	**4.** 40% = 0,4
5. Gib in % an: 80 kg von 400 kg.	**5.** 20%
6. Berechne: $-2{,}4 \cdot (-2)$.	**6.** $+4{,}8$
7. Berechne: $-2{,}4 + (-2)$.	**7.** $-4{,}4$
8. Berechne: $-2{,}4 - (-2)$.	**8.** $-0{,}4$
9. Notiere als Term: die Hälfte einer Zahl vermehrt um das 3-fache von 4,8.	**9.** $\frac{1}{2}x + 3 \cdot 4{,}8$
10. Setze für x die Zahl (– 1,5) ein und berechne: $2x - x$.	**10.** $2 \cdot (-1{,}5) - (-1{,}5) = -3 + 1{,}5 = -1{,}5$

Aufgaben ✽✽ Klassenstufe 9/10	Lösungen
1. Gegeben sind die drei Zahlen 1; 3; 8. Berechne das arithmetische Mittel.	**1.** 4
2. $\frac{1}{4} + 1\frac{3}{8} =$	**2.** $\frac{2}{8} + 1\frac{3}{8} = 1\frac{5}{8}$
3. Berechne 40% von 15 €.	**3.** 6 €
4. Gib die quadratische Ergänzung an: $x^2 + 6x$.	**4.** $x^2 + 6x + 9 - 9$
5. Wahr oder falsch? $-8x - x^2 = -x(8 + x)$	**5.** wahr
6. Wahr oder falsch? $0{,}012 = 1{,}2 \cdot 10^{-3}$	**6.** falsch
7. Notiere einen Term: Die Schule hat x Klassen mit 28 Stühlen und y Klassen mit 32 Stühlen.	**7.** $x \cdot 28 + y \cdot 32$
8. Vereinfache: $25a^4 \cdot 5^{-1}a$.	**8.** $5a^5$
9. Wie muss man die Funktionsgleichung einer Normalparabel ändern, damit ihr Graph nach unten geöffnet ist?	**9.** $y = -x^2$ (neg. Vorzeichen)
10. Berechne die Länge der Diagonalen eines Rechtecks mit den Seiten a = 6 cm und b = 4 cm.	**10.** $d = \sqrt{36 + 16} \approx 7$

Aufgaben ✽✽✽ Klassenstufe 9/10	Lösungen
1. Wie groß ist die Wahrscheinlichkeit, mit einem normalen Würfel eine ungerade Zahl zu würfeln?	**1.** $\frac{1}{2}$
2. Zehnerpotenzschreibweise? 18000000	**2.** $1{,}8 \cdot 10^7$
3. Vereinfache $\sqrt{36x^4y^2}$	**3.** $6x^2y$
4. $(0{,}2x - \frac{1}{4}y)^2 =$	**4.** $0{,}04x^2 - 0{,}1xy + \frac{1}{16}y^2$
5. Quadratische Ergänzung? $x^2 + \frac{1}{2}x$	**5.** $x^2 + \frac{1}{2}x + \frac{1}{16} - \frac{1}{16}$
6. Wie viel Grad muss man im Kreis abtragen, um 40% darzustellen?	**6.** 144°
7. Bei einem Kreis wird der Radius r verdoppelt. Wie ändert sich der Flächeninhalt?	**7.** Der Flächeninhalt vervierfacht sich
8. $V = \frac{1}{3}\pi r^2 h_k$ r = ______ ?	**8.** $r = \sqrt{\frac{3V}{\pi h_k}}$
9. Skizziere den Graphen der Funktion $y = x^3$.	**9.**
10. Gegeben sind die drei Zahlen 1; 3; 8. Notiere den Median (Zentralwert).	**10.** 3

Aufgaben ✱✱ Klassenstufe 9/10	Lösungen
1. $(-4{,}5) + 2{,}5 \cdot 2 =$	**1.** 0,5
2. $\frac{22}{51} \cdot \frac{17}{66} =$	**2.** $\frac{1}{9}$
3. Schreibe ohne Komma: $5{,}06 \cdot 10^6$.	**3.** 5060000
4. $0{,}1^3 =$	**4.** 0,001
5. Notiere als Dezimalzahl: 2^{-2}.	**5.** $\frac{1}{2^2} = 0{,}25$
6. Gib in kg an: 23 g.	**6.** 0,023 kg
7. Klammere aus: $24xy - 16xz + 8x$.	**7.** $8x(3x - 2z + 1)$
8. Notiere den Scheitelpunkt der Parabel mit der Funktionsgleichung $y = -3(x + 2)^2 - 2$.	**8.** $S(-2 \mid -2)$
9. $V_{Kegel} =$ ______ ?	**9.** $V_{Kegel} = \frac{1}{3}\pi r^2 h_k$
10. Erkläre den Begriff *Modalwert* einer Stichprobe.	**10.** Es ist der am häufigsten auftretende Wert einer Stichprobe.

Aufgaben ✱✱✱ Klassenstufe 9/10	Lösungen
1. Welche Zahlen haben den Betrag 3?	**1.** (-3) und 3
2. Schreibe als Dezimalzahl: $4{,}3 \cdot 10^{-3}$.	**2.** 0,0043
3. $\sqrt[3]{0{,}008} =$	**3.** 0,2
4. 5000 € werden jährlich mit 1,5% verzinst. Wie viel Geld erhält man nach 6 Monaten?	**4.** 37,50 €
5. Schreibe als Dezimalbruch in h: 18 min.	**5.** 0,3 h
6. Klammere $(-x)$ aus: $-xy + 3x^2 - x$.	**6.** $-x(y - 3x + 1)$
7. Notiere für eine Gleichung der Form $0 = x^2 - 6x + 8$ die p/q-Formel.	**7.** $x_{1/2} = -\frac{p}{2} \pm \sqrt{\left(\frac{p}{2}\right)^2 - q}$
8. Wie viele Nullstellen hat eine Funktion der Form $y = (x - 1)^2 + 3$?	**8.** keine
9. Skizziere ein rechtwinkliges Dreieck, in dem gilt: $\tan a = \frac{a}{b}$.	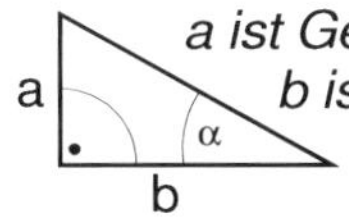 **9.** (Skizze: rechtwinkliges Dreieck mit Seiten a, b und Winkel α) *a ist Gegenkathete* *b ist Ankathete*
10. Erkläre den Begriff *Spannweite* einer Stichprobe.	**10.** Es ist die Differenz zwischen dem größten und dem kleinsten Wert.

Aufgaben ✽✽	Klassenstufe 9/10	Lösungen
1.	$0{,}1 \cdot 0{,}4 =$	0,04
2.	$4{,}75 : 2{,}5 =$	1,9
3.	Wahr oder falsch? 0,1 h = 10 min	falsch
4.	Nach einem Monat erhält man bei 2,4% Verzinsung 20 €. Wie hoch ist das Kapital?	10000 €
5.	8% sind 4 kg. Bestimme G.	50 kg
6.	$(x - 1) \cdot (x + 2) =$	$x^2 + x - 2$
7.	$A_{Kreis} =$ ________	$A_{Kreis} = r^2\pi$
8.	Für welche $a \in \mathbb{Q}$ gilt: $-a > 0$?	$a < 0$
9.	Die Fläche eines Rechtecks beträgt 2,4 m^2, eine Seite ist 0,8 m lang. Wie lang ist die andere Seite?	3 m
10.	Skizziere den Graphen einer antiproportionalen Funktion.	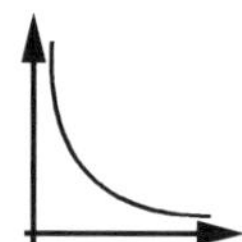

Aufgaben ✽✽	Klassenstufe 9/10	Lösungen
1.	$u_{Kreis} =$ ________	$u_{Kreis} = 2r\pi$
2.	$\frac{1}{4}$ von $\frac{1}{2}$	$\frac{1}{8}$
3.	Wahr oder falsch? 0,04 t = 40 kg	wahr
4.	Wahr oder falsch? $-8 - 3 \cdot (-3) > 0$	wahr
5.	$4^8 \cdot 2{,}5^8 =$	$(4 \cdot 2{,}5)^8 = 10^8$
6.	$a^{10} \cdot a^{-10} =$	$a^{10-10} = a^0 = 1$
7.	$(\frac{2}{3}x - \frac{2}{5}y)^2 =$	$\frac{4}{9}x^2 - \frac{8}{15}xy + \frac{4}{25}y^2$
8.	Ist die Funktion mit der Funktionsgleichung $y = 2{,}5x - 8$ linear oder exponentiell oder proportional oder antiproportional?	linear
9.	Mit welcher Formel kannst du Deck- und Grundfläche eines Zylinders mit dem Radius r berechnen?	$A_{Deckfläche} = \pi r^2$ $A_{Grundfläche} = \pi r^2$
10.	Der Mantel eines Würfels beträgt 28 cm^2. Wie groß ist die Oberfläche?	42 cm^2

	Aufgaben ✱✱ Klassenstufe 9/10	Lösungen
1.	$\frac{3}{5}$ von 3,5 =	2,1
2.	$4\frac{1}{4} \cdot 2 =$	$8\frac{1}{2}$
3.	Bestimme die quadratische Ergänzung: $x^2 + x$.	$x^2 + x + \frac{1}{4} - \frac{1}{4}$
4.	Klammere 2x aus: $\frac{1}{2}x^2 - 4x$.	$2x(\frac{1}{4}x - 2)$
5.	Wahr oder falsch? $x^0 + 1 = 2$	wahr
6.	Wahr oder falsch? $x^1 + x^{-1} = 0$	falsch
7.	$\frac{5}{x} = \frac{2}{3}$	$x = 7{,}5$
8.	Vereinfache: $\sqrt{8x^2}$.	$\sqrt{4x^2 \cdot 2} = 2x\sqrt{2}$
9.	In einem Bus sitzen 30 Personen. Das Verhältnis Frauen zu Männer ist 3 **:** 2. Wie viele Frauen sind in dem Bus?	18 Frauen
10.	Notiere 4 Zahlen, deren arithmetisches Mittel 7 ergibt.	z. B.: 1; 6; 8; 13

	Aufgaben ✱✱ Klassenstufe 9/10	Lösungen
1.	Löse die Klammer auf: $-2x(x + 3)$.	$-2x^2 - 6x$
2.	$(a - b^2)^2 =$	$a^2 - 2ab^2 + b^4$
3.	$(a^3 - b^4)^2 =$	$a^6 - 2a^3b^4 + b^8$
4.	4,2a **:** 1,4a =	3
5.	Gib in % an: 45 kg von 30 kg.	150%
6.	Schreibe in % und als Dezimalbruch: $\frac{1}{50}$.	2% = 0,02
7.	Gib p und q für die p|q-Formel an: $x^2 - 2x + 8 = 0$.	$p = -2; q = 8$
8.	Haben die Funktionsgraphen von $y = x^2 + 1$ und $y = -x^2 - 1$ Schnittpunkte?	nein
9.	Skizziere den Verlauf des Funktionsgraphen $y = (x - 1)^2$.	
10.	Notiere den Median der Zahlen 3; 2; 7; 6; 1.	3

Aufgaben ✿✿ Klassenstufe 9/10	Lösungen
1. $8^0 =$	**1.** 1
2. $0^8 =$	**2.** 0
3. $2^{-1} =$	**3.** $\frac{1}{2}$
4. Notiere in wissenschaftlicher Notation: 0,0042.	**4.** $4{,}2 \cdot 10^{-3}$
5. Schreibe ohne Klammern: $(a^4b^3)^2$.	**5.** a^8b^6
6. Mit welcher Winkelgröße werden 20% im Kreisdiagramm dargestellt?	**6.** 72°
7. Gib in ℓ an: 2,5 hℓ.	**7.** 250 ℓ
8. Vereinfache: $4x - (3x + y)$.	**8.** $x - y$
9. Die Normalparabel verläuft durch den Punkt (0 | 1) und ist nach unten geöffnet. Notiere die Funktionsgleichung.	**9.** $y = -x^2 + 1$
10. Von 28 Klassenarbeiten sind 7 gut oder besser. Gib die relative Häufigkeit in % an.	**10.** 25%

Aufgaben ✿✿✿ Klassenstufe 9/10	Lösungen
1. $2\frac{2}{5} - 3\frac{1}{4} =$	**1.** $-\frac{17}{20} = -0{,}85$
2. $\sqrt{49a^2} =$	**2.** $7a$
3. Notiere in wissenschaftlicher Notation: 140000.	**3.** $1{,}4 \cdot 10^5$
4. Vereinfache: $a^4 \cdot a^{-3}$.	**4.** $a^{4-3} = a^1 = a$
5. Vereinfache: $(16x^4)^{\frac{1}{4}}$.	**5.** $2x$
6. Gib in mm an: 4,8 dm.	**6.** 480 mm
7. Faktorisiere: $12ax + 8ay$.	**7.** $4a(3x + 2y)$
8. Gib in der quadratischen Gleichung $x^2 + 6x - 8 = 0$ p und q an.	**8.** $p = 6;\ q = -8$
9. Notiere die Gleichung einer nach unten geöffneten Normalparabel mit S(2|–1).	**9.** $y = -(x - 2)^2 - 1$
10. Bei einer Tombola gibt es 600 Lose, davon 60 Gewinnlose einschließlich des einzigen Hauptgewinns. Wie groß ist die Wahrscheinlichkeit für den Hauptgewinn?	**10.** $\frac{1}{600}$

Aufgaben ✽✽ Klassenstufe 9/10	Lösungen
1. $\left(\frac{2}{3}\right)^3 =$	**1.** $\frac{8}{27}$
2. $4^{-1} =$	**2.** $\frac{1}{4} = 0{,}25$
3. $\frac{4}{5} - \frac{7}{8} =$	**3.** $\frac{32}{40} - \frac{35}{40} = -\frac{3}{40}$
4. $4{,}2 - 8{,}4 + 2{,}1 =$	**4.** $-2{,}1$
5. 3% sind 1,50 €. Gib den Grundwert G an.	**5.** 50 €
6. Für welche Zahlen gilt $x^{-1} = x$?	**6.** $x = 1$ oder $x = -1$
7. $\sqrt[3]{8a^3}$	**7.** 2a
8. Skizziere den Graphen der Funktion $y = x^4$.	**8.** 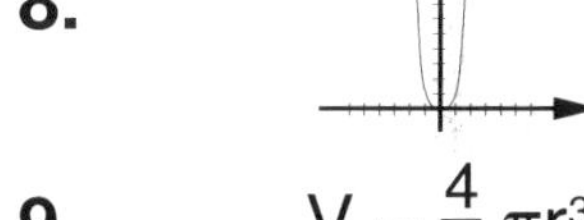
9. Notiere die Formel zur Berechnung des Volumens einer Kugel.	**9.** $V = \frac{4}{3}\pi r^3$
10. Welches Ereignis beim Würfeln ist wahrscheinlicher: »gerade Zahl« oder »ungerade Zahl«?	**10.** gleich

Aufgaben ✽✽ Klassenstufe 9/10	Lösungen
1. $(-0{,}5)^3 =$	**1.** $-0{,}125 = \left(-\frac{1}{8}\right)$
2. $\left(\frac{1}{4}\right)^{-2} =$	**2.** 16
3. $\frac{3}{5} : 5 =$	**3.** $\frac{3}{25}$
4. $4{,}3 \cdot (-3) =$	**4.** $-12{,}9$
5. 7% von 7 € =	**5.** 0,49 €
6. Wie viel Gramm sind 25% von $\frac{1}{5}$ kg?	**6.** 50 g
7. Haben die Parabel $y = -x^2 + 1$ und die Gerade $y = -x + 4$ gemeinsame Punkte?	**7.** nein
8. Skizziere ein rechtwinkliges Dreieck, in dem gilt: $\sin \alpha = \frac{x}{y}$.	**8.** (Dreieck mit Seiten x, y und Winkel α)
9. Peter besitzt 10 T-Shirts und 6 Hosen. Wie oft kann er sich unterschiedlich kleiden?	**9.** 60-mal
10. $\frac{\sqrt[4]{x^6}}{\sqrt[4]{x^2}} =$	**10.** x

Aufgaben Klassenstufe	Lösungen

Aufgaben Klassenstufe	Lösungen

Bruchrechenregeln

Eine **Bruchzahl** besteht aus Zähler, Bruchstrich und Nenner:

$$\frac{5}{6}$$

Zähler

Bruchstrich

Nenner

$\frac{5}{6}$ einer Größe heißt: Zerlege die Größe in 6 gleiche Teile und nimm 5 davon.

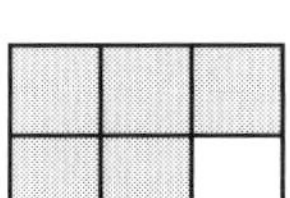

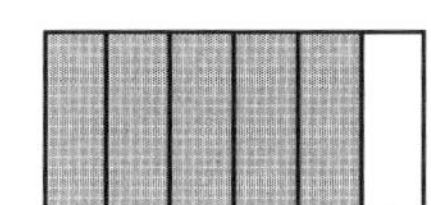

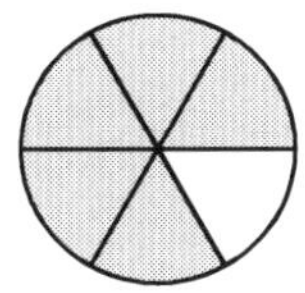

Schreibt man eine Bruchzahl um ins Dezimalsystem, so erhält man einen **Dezimalbruch**:

$\frac{1}{4} = 1 : 4 = 0{,}25 \qquad \frac{5}{8} = 5 : 8 = 0{,}625$

Merke dir die gebräuchlichsten Dezimalbrüche:

$\frac{1}{2} = 0{,}5 \quad \frac{1}{4} = 0{,}25 \quad \frac{3}{4} = 0{,}75 \quad \frac{1}{5} = 0{,}2 \quad \frac{2}{5} = 0{,}4$

$\frac{1}{3} = 0{,}\overline{3} \quad \frac{1}{8} = 0{,}125 \quad \frac{1}{6} = 0{,}1\overline{6} \quad \frac{1}{9} = 0{,}\overline{1} \quad \frac{1}{10} = 0{,}1$

Bei einem **unechten** Bruch ist der Zähler größer als der Nenner: $\frac{11}{5}$

Einen **unechten** Bruch kannst du in eine **gemischte Zahl** umwandeln: $\frac{11}{5} = 2\frac{1}{5}$

Du kannst Bruchzahlen **erweitern**.
Erweitern: Zähler und Nenner werden mit derselben Zahl multipliziert.

$\frac{5}{6}$ erweitert mit 4 heißt $\frac{5 \cdot 4}{6 \cdot 4} = \frac{20}{24}$

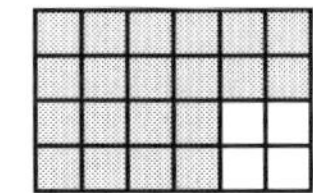

$\frac{5}{6}$ beschreibt denselben Anteil wie $\frac{20}{24}$

Du kannst gegebenenfalls Bruchzahlen **kürzen**.
Kürzen: Zähler und Nenner werden durch dieselbe Zahl dividiert.

$\frac{36}{45}$ gekürzt durch 9 heißt $\frac{36 : 9}{45 : 9} = \frac{4}{5}$

Gleichnamige Brüche addierst du, indem du die Zähler addierst und den Nenner beibehältst:

$$\frac{3}{8} + \frac{7}{8} = \frac{10}{8} = 1\frac{2}{8} = 1\frac{1}{4}$$

Gleichnamige Brüche subtrahierst du, indem du die Zähler subtrahierst und den Nenner beibehältst:

$$\frac{7}{8} - \frac{3}{8} = \frac{4}{8} = \frac{1}{2}$$

Ungleichnamige Brüche machst du zunächst durch Erweitern gleichnamig und addierst oder subtrahierst dann entsprechend:

$$\frac{3}{4} + \frac{5}{6} = \frac{9}{12} + \frac{10}{12} = \frac{19}{12} = 1\frac{7}{12}$$

$$\frac{5}{6} - \frac{1}{4} = \frac{10}{12} - \frac{3}{12} = \frac{7}{12}$$

$$8\frac{3}{8} + 7\frac{3}{4} = 8\frac{3}{8} + 7\frac{6}{8} = 15\frac{9}{8} = 16\frac{1}{8}$$

$$8\frac{1}{8} - 3\frac{3}{4} = 8\frac{1}{8} - 3\frac{6}{8} = 7\frac{9}{8} - 3\frac{6}{8} = 4\frac{3}{8}$$

Brüche werden miteinander multipliziert, indem du Zähler mit Zähler und Nenner mit Nenner multiplizierst:

$$\frac{5}{8} \cdot \frac{3}{4} = \frac{5 \cdot 3}{8 \cdot 4} = \frac{15}{32}$$

$$\frac{3}{4} \cdot 7 = \frac{3}{4} \cdot \frac{7}{1} = \frac{3 \cdot 7}{4 \cdot 1} = \frac{21}{4} = 5\frac{1}{4}$$

$$2\frac{1}{2} \cdot 3\frac{2}{3} = \frac{5}{2} \cdot \frac{11}{3} = \frac{5 \cdot 11}{2 \cdot 3} = \frac{55}{6} = 9\frac{1}{6}$$

Durch einen Bruch wird dividiert, indem man mit dem Kehrwert multipliziert:

$$2 : \frac{3}{5} = 2 \cdot \frac{5}{3} = \frac{2 \cdot 5}{1 \cdot 3} = \frac{10}{3} = 3\frac{1}{3}$$

$$\frac{3}{5} : 4 = \frac{3}{5} : \frac{4}{1} = \frac{3}{5} \cdot \frac{1}{4} = \frac{3 \cdot 1}{5 \cdot 4} = \frac{3}{20}$$

$$\frac{7}{8} : \frac{2}{3} = \frac{7}{8} \cdot \frac{3}{2} = \frac{7 \cdot 3}{8 \cdot 2} = \frac{21}{16} = 1\frac{1}{16}$$

$$3\frac{2}{5} : 1\frac{2}{3} = \frac{17}{5} : \frac{5}{3} = \frac{17}{5} \cdot \frac{3}{5} = \frac{17 \cdot 3}{5 \cdot 5} = \frac{51}{25} = 2\frac{1}{25}$$

Formelsammlung
zur Prozentrechnung

Bezeichnungen:

Grundwert **G**
Prozentwert **W**
Prozentsatz **p**

Beispiel:
Wie viel € sind 27% von 500 €?
Grundwert G = 500 €
Prozentsatz p = 27%
Pozentwert W wird gesucht

Die drei Grundaufgaben der Prozentrechnung:

1. Prozentwert W wird gesucht:

$$W = \frac{G \cdot p}{100}$$

Beispiel:
Wie viel € sind 27% von 500 €?

$$W = \frac{500 \cdot 27}{100}$$

$$W = 135 \text{ €}$$

2. Prozentsatz p wird gesucht:

$$p = \frac{W \cdot 100}{G}$$

Beispiel:
Von 32 Schülern können 26 schwimmen. Wie viel Prozent sind das?

$$p = \frac{26 \cdot 100}{32}$$

$$p = 81{,}25\%$$

3. Grundwert G wird gesucht:

$$G = \frac{W \cdot 100}{p}$$

Beispiel:
Ein Händler räumte beim Autokauf 3% Rabatt bei Barzahlung ein. Das waren immerhin 1800 €. Was kostete das Auto?

$$G = \frac{1800 \cdot 100}{5}$$

$$G = 36000 \text{ €}$$

Formelsammlung
zur Zinsrechnung

Bezeichnungen:

Kapital **K**
Zinsen **Z**
Zinssatz **p**
Zeit **t**

Die Zeit t wird immer in Jahren angegeben. Das Jahr hat grundsätzlich 360 Tage und jeder Monat – auch der Februar – hat 30 Tage.

Beispiel:
Wie viel Zinsen bringen 6000 € bei 2% in 9 Monaten?
Kapital K = 6000 €
Zinssatz p = 2%
Zeit t = $\frac{9}{12}$ oder $\frac{3}{4}$
Zinsen Z sind gesucht

Die vier Grundaufgaben der Zinsrechnung:

1. Zinsen Z werden gesucht:

$$Z = \frac{K \cdot p \cdot t}{100}$$

Beispiel:
Wie viel Zinsen bekommt man für ein Kapital von 7600 € bei einem Zinssatz von 2,25% in 190 Tagen?

$$Z = \frac{7600 \cdot 2{,}25 \cdot 190}{100 \cdot 360} \qquad Z = 90{,}25 \text{ €}$$

2. Zinssatz p wird gesucht:

$$p = \frac{100 \cdot Z}{K \cdot t}$$

Beispiel:
Wie hoch ist der Zinssatz, wenn 7600 € in 190 Tagen 90,25 € Zinsen bringen?

$$p = \frac{90{,}25 \cdot 100 \cdot 360}{7600 \cdot 190} \qquad p = 2{,}25\%$$

3. Kapital K wird gesucht:

$$K = \frac{100 \cdot Z}{p \cdot t}$$

Beispiel:
Wie viel Geld muss man bei einem Zinssatz von 2,25% auf der Bank haben, um in 190 Tagen 90,25 € Zinsen zu bekommen?

$$K = \frac{90{,}25 \cdot 100 \cdot 360}{2{,}25 \cdot 190} \qquad K = 7600 \text{ €}$$

4. Zeit t wird gesucht:

$$t = \frac{100 \cdot Z \cdot 360}{K \cdot p}$$

Beispiel:
Wie lange müssen 7600 € bei 2,25% Zinsen auf der Bank schmoren, um 90,25 € Zinsen zu bringen?

$$t = \frac{100 \cdot 90{,}25 \cdot 360}{7600 \cdot 2{,}25} \qquad t = 190 \text{ Tage}$$

Formelsammlung
zur Flächenberechnung

Quadrat

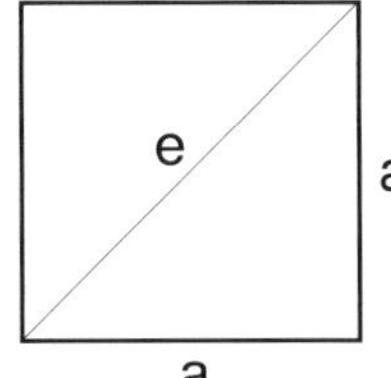

$u = 4 \cdot a$

$A = a^2$

$A = \frac{e^2}{2}$

$e = a \cdot \sqrt{2}$

Rechteck

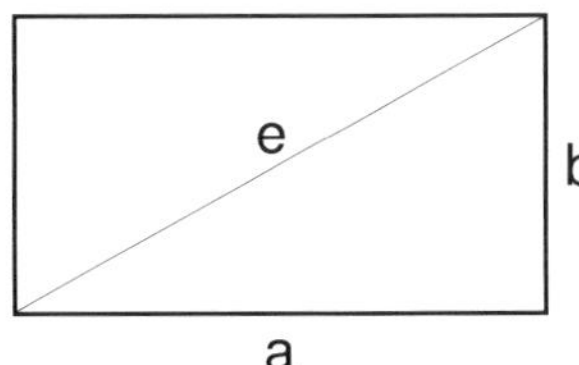

$u = 2 \cdot (a + b)$

$A = a \cdot b$

$e = \sqrt{a^2 + b^2}$

Parallelogramm

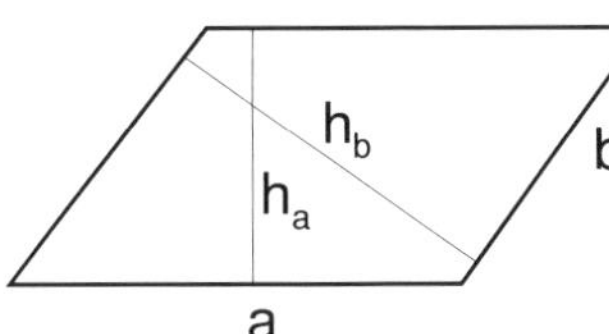

$u = 2 \cdot (a + b)$

$A = a \cdot h_a$

$A = b \cdot h_b$

Dreieck

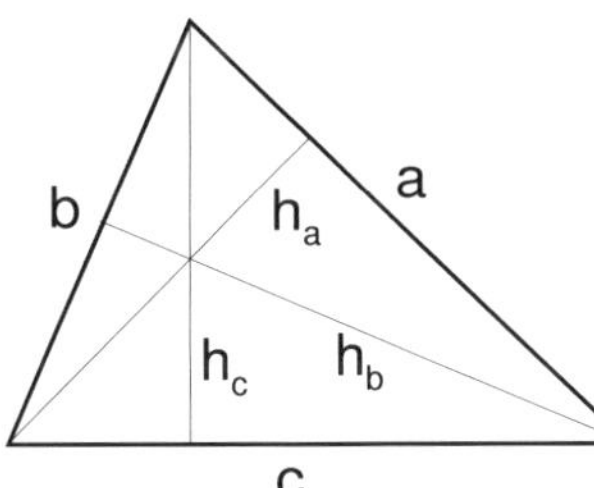

$u = a + b + c$

$A = \frac{a \cdot h_a}{2}$

$A = \frac{b \cdot h_b}{2}$

$A = \frac{c \cdot h_c}{2}$

Trapez

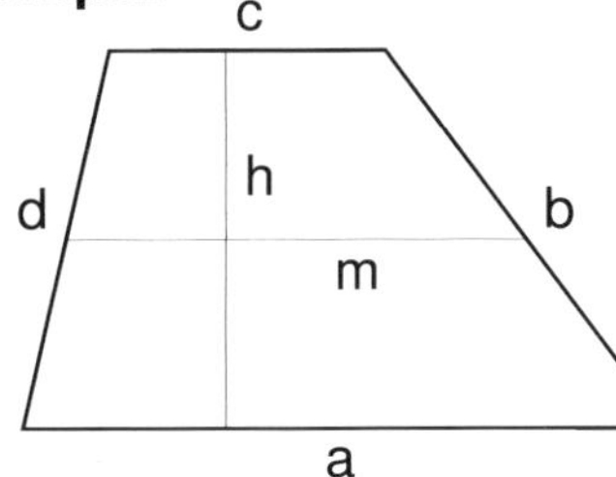

$u = a + b + c + d$

$A = m \cdot h$ *mit*

$m = \frac{a + c}{2}$

$A = \frac{a + c}{2} \cdot h$

Kreis

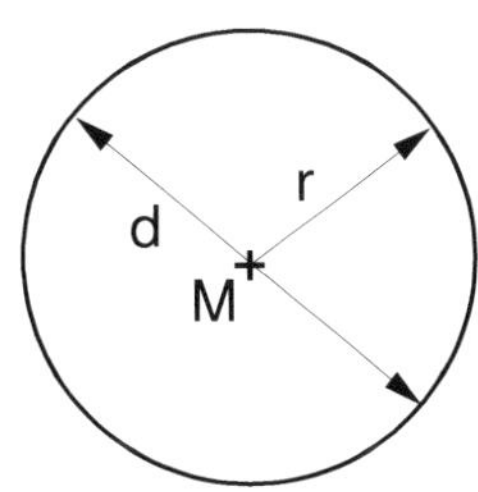

Bezeichnungen
M Mittelpunkt
r Radius
d Durchmesser

$d = 2 \cdot r$

$u = d \cdot \pi$

$u = 2 \cdot r \cdot \pi$

$A = r^2 \cdot \pi$

$A = \frac{d^2 \cdot \pi}{4}$

Formelsammlung
zur Volumenberechnung

Würfel

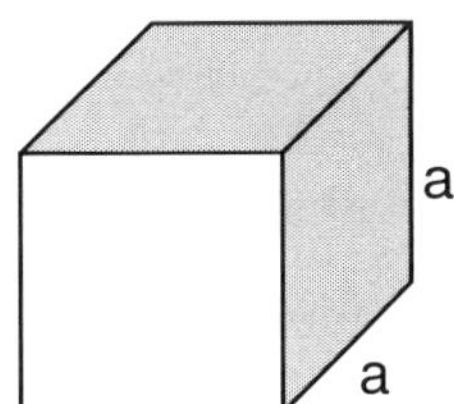

$O = 6 \cdot a^2$

$V = a^3$

Quader

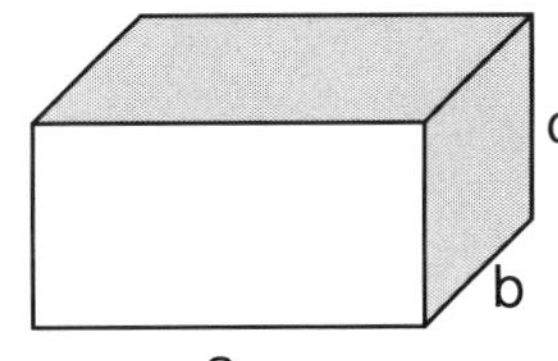

$O = 2 \cdot (ab + ac + bc)$

$V = a \cdot b \cdot c$

Körper heißen Prismen, wenn zwei Flächen (Grund- und Deckfläche) zueinander parallel und deckungsgleich sind. Würfel und Quader sind besondere Prismen.

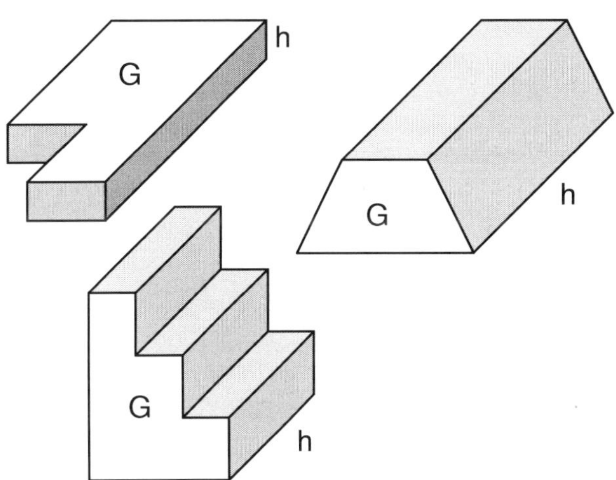

Das Volumen eines Prismas ist

$V = G \cdot h$

Die Oberfläche eines Prismas ist

$O = 2 \cdot G + u \cdot h$

Tipp: Wenn du nicht sofort erkennen kannst, ob ein Körper ein Prisma ist, dann denke ihn dir so gedreht, dass eine der beiden parallelen Flächen auf den Boden zu liegen kommt.

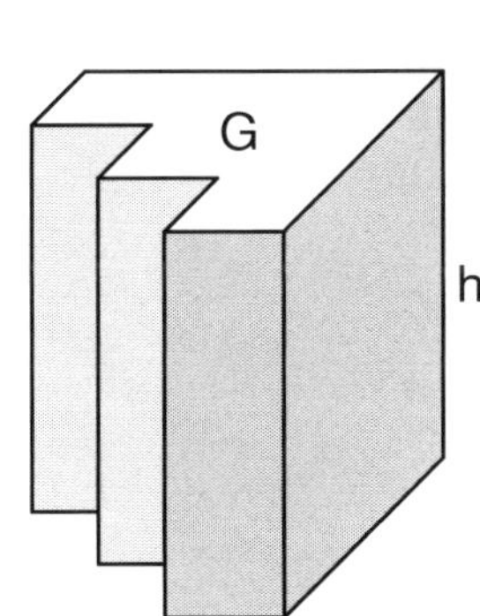

Zeiteinheiten
Umrechnung

Wichtige Maßeinheiten für die Zeit:
d (Tag)
h (Stunde)
min (Minute)
s (Sekunde)

1 d = 24 h
1 h = 60 min
1 min = 60 s

Achtung: $0{,}1\ h = \frac{1}{10}\ h = 6\ min$

Längenmaße
Umrechnung

Wichtige Längenmaße sind:
km (Kilometer)
m (Meter)
dm (Dezimeter)
cm (Zentimeter)
mm (Millimeter)

1 km = 1000 m
1 m = 10 dm
1 dm = 10 cm
1 cm = 10 mm

Die Umrechnungszahl bei Längenmaßen ist 10
(Achtung bei Umwandlung km in m und m in km)

Flächenmaße
Umrechnung

Maßeinheiten für den Flächeninhalt sind:
km^2 (Quadratkilometer)
ha (Hektar)
a (Ar)
m^2 (Quadratmeter)
dm^2 (Quadratdezimeter)
cm^2 (Quadratzentimeter)
mm^2 (Quadratmillimeter)

$1\ km^2 = 100\ ha$
1 ha = 100 a
$1\ a = 100\ m^2$
$1\ m^2 = 100\ dm^2$
$1\ dm^2 = 100\ cm^2$
$1\ cm^2 = 100\ mm^2$

Die Umrechnungszahl bei Flächenmaßen ist 100

Maßeinheiten Volumen
Umrechnung

Maßeinheiten für das Volumen:
m^3 (Kubikmeter)
dm^3 (Kubikdezimeter)
cm^3 (Kubikzentimeter)
mm^3 (Kubikmillimeter)
Maßeinheiten bei Flüssigkeiten:
$h\ell$ (Hektoliter)
ℓ (Liter)
$m\ell$ (Milliliter)

$1\ m^3 = 1000\ dm^3$
$1\ dm^3 = 1000\ cm^3$
$1\ cm^3 = 1000\ mm^3$

Die Umwandlungszahl bei Volumeneinheiten ist 1000

$1\ h\ell = 100\ \ell$
$1\ \ell = 1000\ m\ell$
$1\ \ell = 1\ dm^3$
$1\ dm^3 = 1000\ m\ell$

Masseneinheiten
Umrechnung

Wichtige Maßeinheiten für die Massen:
t (Tonne)
kg (Kilogramm)
g (Gramm)
mg (Milligramm)

1 t = 1000 kg
1 kg = 1000 g
1 g = 1000 mg

Die Umwandlungszahl bei Masseneinheiten ist 1000

Gelegentlich werden noch die Einheiten Pfund, Zentner und Doppelzentner benutzt:
1 kg = 2 Pfund
50 kg = 1 Zentner
100 kg = 1 Doppelzentner
1 t = 10 Doppelzentner

Maßstab
Bedeutung

Maßstab 1 : 20 000 (sprich 1 zu 20 000) bedeutet: Jede gemessene Strecke auf z. B. einer Karte ist in Wirklichkeit 20 000mal so lang. Z. B. 2 cm auf dieser Karte sind 400 m in Wirklichkeit.
Maßstab 2 : 1 (sprich 2 zu 1) bedeutet: Jede gemessene Strecke einer Zeichnung ist in Wirklichkeit $\frac{1}{2}$ mal so lang.